bon temps 風格生活╳美好時光

一生受用800招！老奶奶的生活智慧

收納打掃．烹飪洗衣．保健美容．節約環保的美好生活整理術

作　　者　主婦之友社
譯　　者　陳心慧
イラスト　今井久惠、さのまきこ、matsu
カ メ ラ　井坂英彰、梅澤仁、小川哲、倉成亮、澤田和廣、中村太、橋本哲、森安照、吉田篤史
主　　編　曹　慧
美術設計　比比司設計工作室
行銷企畫　蔡緯蓉
社　　長　郭重興
發行人兼出版總監　曾大福
總 編 輯　曹　慧
編輯出版　奇光出版
E-mail: lumieres@bookrep.com.tw
部落格：http://lumieresino.pixnet.net/blog
粉絲團：https://www.facebook.com/lumierespublishing
發　　行　遠足文化事業股份有限公司
http://www.bookrep.com.tw
23141新北市新店區民權路108-4號8樓
電話：（02）22181417
客服專線：0800-221029　傳真：（02）86671065
郵撥帳號：19504465　戶名：遠足文化事業股份有限公司
法律顧問　華洋法律事務所　蘇文生律師
印　　製　成陽印刷股份有限公司
初版一刷　2015年1月
初版三刷　2015年12月28日
定　　價　300元

線上讀者回函

國家圖書館出版品預行編目（CIP）資料

一生受用800招!老奶奶的生活智慧：收納打掃.烹飪洗衣.保健美容.節約環保的美好生活整理術 / 主婦之友社著；陳心慧譯. -- 初版. -- 新北市：奇光出版：遠足文化發行, 2015.01
面；　公分
ISBN 978-986-90944-3-6(平裝)
1.家政 2.手冊

420.26　　　103024975

一生受用！800招

老奶奶的生活智慧

Contents

Part 4 衣的智慧百寶箱

Part 5 健康&美容的智慧百寶箱

前言

來自日常生活中的發現，
經過長年經驗累積而來的
「老奶奶的智慧」。
如果你認為「這些都過時了吧？」那就大錯特錯了。
這些智慧無論在哪一個時代都非常適用。
現代人只要肯花錢，就可以買到許多方便的商品，
但其實不必特意去買，
身邊到處都是有用的東西。

例如，
一般被當作垃圾丟棄的橘子皮、檸檬皮以及馬鈴薯皮等，
這些其實都是掃除的好幫手。
不使用清潔劑，打掃也可以很環保。

本書收錄了各式各樣的密技，
看過之後，相信你一定會變得更聰明。
首先就從你有興趣的妙招開始嘗試吧！

小叮嚀

在嘗試前請務必詳讀本文內容。尤其是關於健康和美容的小密技，效果和適合與否因人而異。與皮膚接觸的東西，建議先從不起眼的地方開始嘗試。另外，患有疾病的讀者，請先向醫師諮詢之後再施行。所有結果都請自行負責。

Part 1-Best 140

“效果驚人的”生活智慧百寶箱

本篇收錄了各種
立刻就能派上用場的小技巧。
也許有些技巧乍看令人半信半疑，
但效果保證讓你大吃一驚！

Best 140
料理篇

[1-1]

烹飪功力大增！

燉．滷

1 經過燉滷的食物慢慢冷卻後會更加入味，美味程度一點也不輸給餐廳

你是不是也覺得長時間燉滷可以讓食物更入味？這個觀念其實是不正確的。加熱時高湯不容易滲入食材，反而是在冷卻的過程中會慢慢入味。如果想讓食材更加入味，煮20分鐘後關火，用二、三層厚毛巾包裹鍋子，讓食物慢慢降溫。天冷時可以在毛巾間夾報紙，增加保溫效果。

紅燒魚時加豆腐可使醬汁的水量增高，用少量醬汁即可烹調。

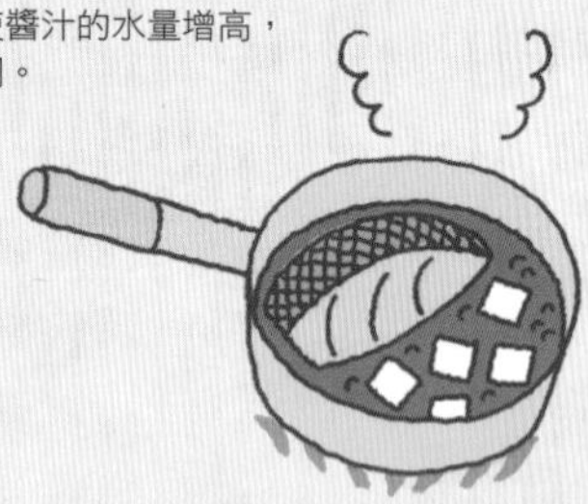

2 紅燒一人份的魚，可以加入豆腐一起煮

用少量醬汁煮1人份的魚是件困難的事。這時可以在鍋裡加入豆腐，讓醬汁分量增至2人份來煮。如此一來，醬汁的味道既不會太濃，營養也更豐富。可加入蔥或青菜一起烹調。

3 以廚房紙巾代替落蓋

落蓋可以有效幫助用少量醬汁滷煮食材。一般的落蓋都是木頭或不銹鋼材質，但其實也可用廚房紙巾或鋁箔紙代替哦！將廚房紙巾或鋁箔紙剪成鍋子大小，中間再剪一個小洞便完成了。

用毛巾將鍋子包起來慢慢放涼，食物格外入味好吃。

偷笑
媽媽好厲害喔！
天靈靈地靈靈，讓食物變得超級美味～

4 醬汁滾了再放魚，可以減輕魚腥味

紅燒魚基本上是等醬汁滾了再放魚，以大火煮。如果醬汁還沒滾就放魚，會拉長魚煮熟的時間，加重魚腥味。另外，如果不使用落蓋而是蓋上鍋蓋，則魚腥味會更重。

用大火快速將魚煮熟才是正確方法！

用手撕蒟蒻，凹凸不平的表面可以吸取更多醬汁。

5

用手撕而不用刀切，蒟蒻更入味

醬燒雞等燉煮料理會用到的蒟蒻，正確做法是用手將蒟蒻撕成小塊。比起用刀切，用手撕的蒟蒻表面凹凸不平，吸取醬汁的面積增大，更加入味。

無論是雞肉或豬肉，
連同汆燙的水一起冷卻，
肉會變得更多汁！
日本肉料理角煮

6

汆燙大塊肉時，只要將肉連同汆燙的水一起冷卻，肉會變得更多汁！

汆燙豬肉或雞肉等大塊肉時，只要將肉連同汆燙的水一起放涼，肉類釋放到水裡的鮮甜成分會再回到肉裡，讓肉變得更多汁。相反地，汆燙後如果立刻將肉取出，肉的鮮味流失，肉也會變澀。同樣地，用微波爐加熱也不要立刻取下保鮮膜，等到冷卻再取下才是正確做法。

7

製作豬肉味噌湯時，食材加味噌拌炒後再煮，更快軟爛

煮豬肉味噌湯時一般是將食材炒過後加水，等食材軟爛之後再加味噌。然而，拌炒時加入一半量的味噌後再加水，味噌的功效可以讓白蘿蔔、薯類等食材更加軟爛。

8

烹調壽喜燒或馬鈴薯燉肉時，要將牛肉和白蒟蒻絲分開放

蒟蒻加熱後會釋出石灰，使得肉類變硬。因此烹調時記得用蔥等將兩者隔開。另外，蒟蒻絲汆燙之後再放入，也可以預防肉類變硬。

食材未熟之前，將蒟蒻絲和肉類隔開才是正確做法！

9

用加鹽的熱水煮豆腐，可以讓豆腐軟嫩且不會出現孔洞

長時間煮豆腐會讓豆腐的表面出現許多凹凸不平的孔洞。這是因為用來凝固豆腐的鹽滷具有凝固蛋白質的效果。為了防止豆腐出現孔洞，在醬汁中加入少量的鹽，便可以確保豆腐維持軟嫩。例如，在湯豆腐裡加入鹽分高的昆布，除了增加鮮味，還可以預防豆腐變硬。

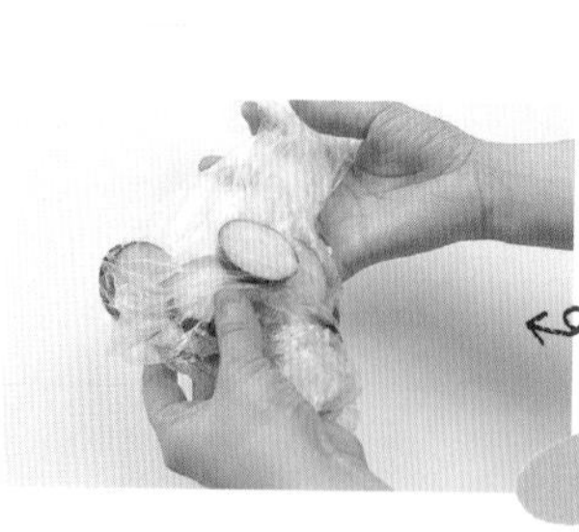

茄子放進塑膠袋加入油拌勻，
炒出來的茄子上色均勻！

熱炒

10
微波加熱＋短時間拌炒可使蔬菜保有清脆口感

家裡的瓦斯火力不夠大？先別急著放棄！將蔬菜切成統一的大小，微波加熱1～2分鐘後，用經過鐵氟龍加工的平底鍋加一點油快炒1～2分鐘，便可維持蔬菜的清脆口感。

11
容易吸油的茄子加熱前只要裹上油，就不用擔心拌炒不均

茄子很容易吸油，你是否也曾經在拌炒時不知不覺加了很多油，結果炒出來的茄子過於油膩呢？拌炒前只要將茄子裹上油，就可以解決這個煩惱。茄子切塊後立刻放進塑膠袋內，一根茄子大約需要油1大匙，讓茄子均勻裹上油。如此一來，加熱時，每塊茄子都可以均勻上色。

12
炒麵時先微波加熱再拌炒，麵就不會黏在一起

已經蒸熟的麵從冰箱拿出馬上拌炒，很容易沾鍋。拌炒前先在裝麵的包裝袋上開幾個小孔，一包麵大約微波加熱1分鐘，這樣拌炒時麵就不會黏在一起。另外，加入一點點酒，麵很容易就會散開。

13
炒肉時如果肉沾鍋，可以在鍋底放一條濕抹布

炒肉的時候，肉有可能會沾鍋。如果用筷子鏟，很可能會把肉弄破。這時只要熄火，將鍋子放在一條濕抹布上，等到鍋子的溫度下降，就可以輕鬆地取下黏在鍋底的肉。這時就算再加熱，也不用擔心肉會再度沾鍋。

鍋子放在濕布上，便可輕鬆取下沾黏在鍋底的肉。

14
蛋＋油即可炒出粒粒分明的炒飯

用微波爐將飯加熱，倒入打散的蛋液攪拌均勻，不要留下任何結塊，之後再加入芝麻油拌勻。這樣平底鍋只需加一點點油拌炒，便可以炒出粒粒分明的炒飯。將蔥、叉燒肉等配料切成小塊，等到飯炒熟後再加入。炒飯一次的量不超過2人份，是炒飯好吃的撇步。

蛋液＋油與飯充分拌勻，
便可以炒出粒粒分明的炒飯。

煎・烤

15 用水沾濕焗烤盤就不會烤焦了！

焗烤盤塗上奶油後再放食材是烹調的常識。但你可知道，焗烤盤泡水也有同樣效果。將外側的水充分擦乾，內側還濕濕的情況下放入餡料。如此一來，烤好後不但好拿取，清洗也十分方便，還可以去除多餘的熱量。

16 煎好的牛排用鋁箔紙包好，靜置一段時間後再切

剛煎好的牛排如果立刻切開，肉汁會全部流出來。為了不讓牛排冷掉，用鋁箔紙包好後靜置數分鐘，這樣既好切，肉汁也不會流出來。

17 特價牛排撒上砂糖，肉就不會澀！

只要在牛排上撒一撮砂糖，靜置一段時間後再煎，不可思議的事發生了！由於砂糖具有保水特性，發揮結合肉類蛋白質和水分的效果，可以有效預防肉類加熱後收縮變硬。用蜂蜜也OK！

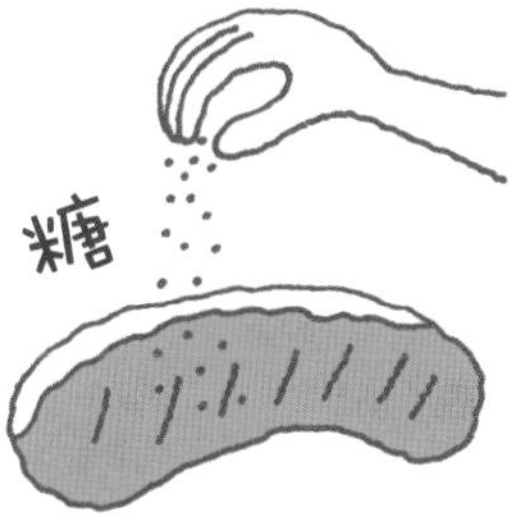

只要撒上一撮砂糖，特價牛排也可以像高級牛排一般軟嫩。

18 平底鍋鋪上鋁箔紙，煎烤出來的小魚漂亮又香酥！

柳葉魚等水分多的小魚，用網架烤很容易烤焦。只要輕輕將鋁箔紙捏皺後攤開鋪在鐵氟龍平底鍋上，把魚排放整齊燒烤，煎出來的魚上色漂亮，也不會煎壞。這是超市試吃活動經常使用的小撇步。

捏皺的鋁箔紙鋪在平底鍋上烤，就不怕失敗！

19 放置一段時間的魚乾，燒烤前塗上一層酒，便可以保持濕潤

魚乾放在冰箱經常會被遺忘，烤之前先在魚肉部分刷上一層酒，烤出來的魚既多汁又美味。加熱後酒精成分揮發，不會殘留酒的氣味。

20 漢堡排肉餡冰過後再整形燒烤最好

漢堡排肉餡充分冷卻，等變硬後再煎。如此一來，肉的脂肪和肉汁在流出來之前，表面就已經被煎熟，可以把鮮味封住。在攪拌肉餡的時候，若脂肪因手的溫度融化而變得軟爛，請先放進冰箱一段時間再加熱。

油炸

21 只要塗上一層美乃滋，炸出來的豬排特別美味！

在豬肉表面塗上一層美乃滋取代麵粉和蛋調出的麵衣，之後再裹上麵包粉油炸，炸出來的豬排口感軟嫩，美味升級。尤其是如果只炸一片豬排，不用為了麵衣用掉一顆蛋，節省又方便！

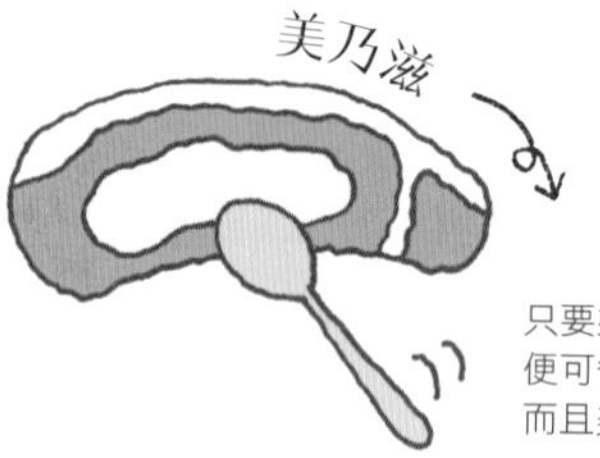
美乃滋

只要塗上一層美乃滋
便可省下沾粉和蛋的手續，
而且美味更升級！

22 用微波爐就可以做出麵包粉

如果忘了買麵包粉或是只需要少量麵包粉，只要撕幾塊麵包，不需要包保鮮膜，直接放入微波爐加熱就可以了。一開始麵包會有一點濕潤，放置過一段時間後就會變脆。搗碎後便是新鮮的麵包粉。

23 在家炸什錦天婦羅的祕訣是少量油炸

很多人都有炸不出酥脆什錦天婦羅的煩惱。由於家裡不像店裡使用大量的油，如果想炸得酥脆，祕訣就是使用一點點的油來炸。1大湯匙分量的麵糊，只需要少量的油，很快就熟了，而且非常酥脆。

24 一次炸大量的雞塊，就不會失敗！

油炸時一次放入大量的雞肉，約占油鍋表面積的八成。如此一來，溫度下降的油溫在慢慢回溫的過程中，可以將雞肉的中間部分充分炸熟。另外，一次放入大量的雞肉也可以減少用油量，經濟實惠。順道一提，剛從冰箱拿出來的冰冷雞肉不容易熟，因此記得在烹調前30分鐘便要從冰箱裡取出。

放入的雞肉約占
油鍋表面積的八成，
慢慢油炸。

25 在天婦羅的麵衣裡添加泡打粉，放涼了一樣酥脆

製作天婦羅的麵衣時，1杯低筋麵粉搭配1小匙泡打粉，如此炸出的天婦羅既蓬鬆又酥脆。就算經過一段時間，麵衣也不會變爛，很適合當便當的配菜。

只要加入成分以小蘇打粉為主的泡打粉，炸出的天婦羅就會有職業水準！

米飯·麵條·麵包

26 剛出爐的麵包倒著放，用加熱過的刀子更好切

剛出爐熱呼呼的麵包十分鬆軟，切的時候很容易就把麵包壓扁了。這時只要等麵包稍微涼了，翻過來再用加熱過的刀子（泡熱水或過火）切，你會發現非常好下刀，切口也很工整漂亮。

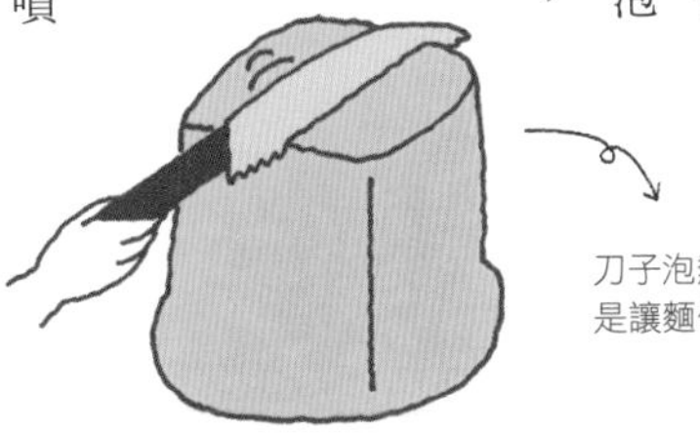

刀子泡熱水或用瓦斯爐過火，是讓麵包切口漂亮的撇步。

27 硬掉的麵包噴點水回烤，便會回復鬆軟

放了一段時間後變硬的麵包，回烤之前噴一點水，烤出來的麵包外酥內軟。包上濕布也OK。

製作日式蒸飯的重點是先將米泡水再調味。

28 製作日式蒸飯時，最後再放入調味料便不易失敗

如果在浸泡米的時候就加入醬油、酒等調味料，會影響米的吸水力，煮出來的飯表面黏黏的，米芯卻硬硬的。製作日式蒸飯時，先將米泡水，等到準備炊飯時再加入調味料是好吃的不變鐵則。

29 只要下一點工夫，舊米也可以變身高級米

特價米或買來放了一段時間的米，只要下一點功夫，美味立刻升級。洗好的米加水，每2杯米加1小匙味醂，味醂的鮮味成分和酒精成分可以有效去除米糠的臭味。另外，也可以用蜂蜜代替，比例同樣是2杯米搭配1小匙蜂蜜。煮出來的飯不會有甜味和蜂蜜香氣，只留下鮮味。

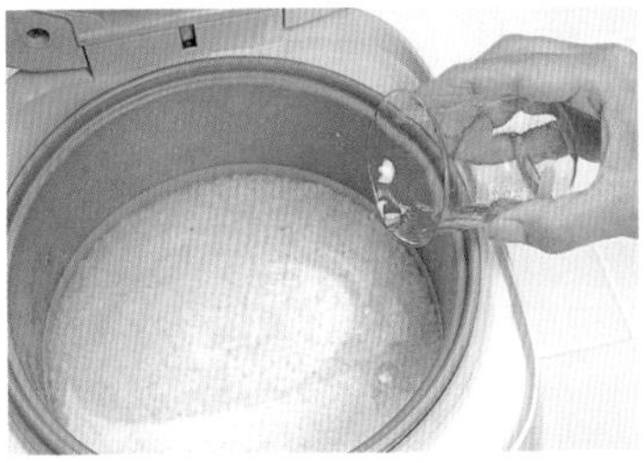

30 想用又Q又香的米飯招待客人時的大絕招

這是想讓客人吃到又Q又香米飯時推薦的大絕招。米量的三成用糯米代替，加入比平常少一點的水，煮出來的飯，美味程度保證讓人大吃一驚。

31 煮麵或義大利麵時只要加少量的油，就不用擔心會溢鍋

一般的麵或義大利麵的澱粉質溶解至熱水裡會形成黏稠的薄膜，這是造成溢鍋的原因。這時只要在水裡加入少量的油，油會分散澱粉質，破壞薄膜，因此可以有效預防溢鍋。此外，在鍋內放入不銹鋼製的湯匙或叉子也是另一種方法。

備料

只要上下左右搖晃便可輕鬆去除馬鈴薯切面的稜角！

32 利用搖晃金屬篩網去除馬鈴薯的稜角

切塊的馬鈴薯放進金屬篩網裡上下搖晃，便可輕鬆去除馬鈴薯切面的稜角。在烹調馬鈴薯燉肉等料理的時候善用這個技巧，煮出來的馬鈴薯更入味。

33 洋蔥泡水就不用擔心會流淚

切洋蔥會流淚是因為洋蔥含有揮發性的催淚成分。只要先將洋蔥泡水約10分鐘，等這種成分融於水之後再切，就輕鬆多了。如果這個方式不管用，可以將洋蔥放入冷凍庫約10分鐘，抑制這種揮發成分作用。另外，用微波爐加熱20秒也可以達到同樣效果。

34 打蛋的時候加一點鹽，蛋白更好打散

打蛋的時候只要在筷子的尖端沾一點鹽，蛋白很容易就會打散。如此一來，製作出的玉子燒或煎蛋更均勻美麗，油炸食品時麵包粉也可以更均勻地包裹食材。

筷子沾一點鹽便可簡單打散蛋白。

35 戴上塑膠手套輕輕搓揉，便可輕易剝下大蒜皮

戴上塑膠手套以手輕輕搓揉，便可輕鬆去除大蒜皮。塑膠手套會吸附大蒜皮，剝起大蒜簡單不費力，手指或指甲也不會沾上大蒜味。

用塑膠手套搓揉大蒜便可輕鬆去皮。

36 蝦子解凍後撒上鹽和太白粉可以去腥

冷凍蝦使用起來非常方便，但冷凍後的腥味讓人不敢恭維。只要解凍後撒上少量的鹽和太白粉，充分抓勻後再用水洗淨，除了可以去除腥味外更可以洗去髒污，讓蝦子的風味更上一層樓。另外，希望追求Q彈的口感，以500ml水搭配2大匙小蘇打粉的比例調勻，將蝦子浸泡20分鐘後用水洗淨，便可有效改善冷凍蝦粉粉的口感。

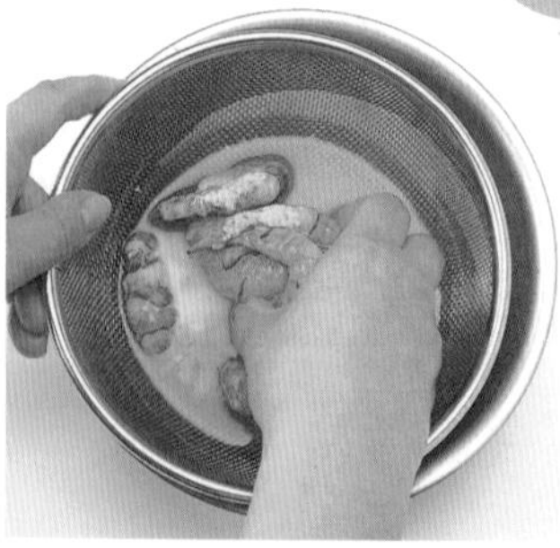

鹽和太白粉可以去除冷凍蝦的腥味和髒污，提升風味。之後再浸泡在加了小蘇打粉的水裡，蝦子口感立刻變得滑嫩Q彈。

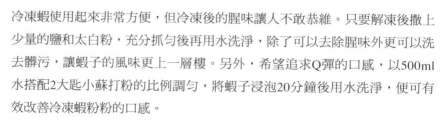

微波爐

37 蘿蔔泥過於嗆辣時，微波一下便會變得溫和

只要加入少量的醋，便可有效緩和蘿蔔泥的嗆辣味。或者將1杯分量的蘿蔔泥微波加熱30秒～1分鐘，雖然加熱會破壞白蘿蔔所含的消化酵素，但會帶出白蘿蔔的甜味，且幾乎吃不出嗆辣味。

38 果皮太硬的檸檬只要經過微波加熱，便可以輕鬆擠汁

請將果皮又硬又厚的檸檬切半後微波加熱20～30秒。檸檬皮經過適度軟化，可以擠出比加熱前多2倍量的檸檬汁。然而過度加熱會有損檸檬的香氣，請特別注意。

檸檬包上保鮮膜加熱20秒。輕輕鬆鬆就可以擠出大量檸檬汁。

39 蛋白微波加熱10秒，就可以毫不費力地打出蛋白霜

希望快速做好蛋白霜，可以在打發前將蛋白放進乾燥的耐熱容器內微波加熱10～15秒。如此一來，打發時便可以節省一半的時間和力氣！

40 塊狀麻糬微波加熱後，吃起來就像現搗的一樣！

切塊的麻糬放進耐熱容器，加入大量的水浸泡10分鐘。留下少量的水，包上保鮮膜送入微波爐加熱。一塊麻糬約加熱30秒，便可以享受到延展性佳、外Q內軟，好像現搗一樣的好滋味。

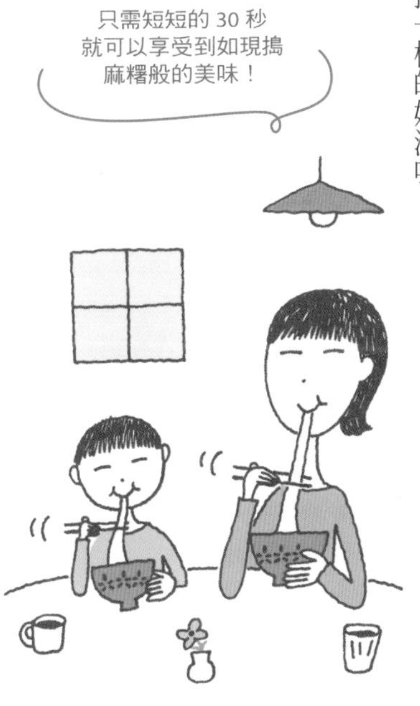
只需短短的30秒
就可以享受到如現搗
麻糬般的美味！

41 未熟的酪梨經過微波加熱就會變軟

切開後發現還沒成熟的酪梨，不需要包保鮮膜，直接放入微波爐，一顆酪梨約加熱1分鐘。雖然加熱無法讓酪梨成熟，但濃郁的口感不輸給自然熟成的酪梨，且不會有澀味。靠近皮的茶色部位有時會有一點苦，建議去除這個部位後再烹調。

[1-2]

善用保存&再利用的祕訣，你也是節約&環保達人！

42

保存

在切面塗上酒，火腿就不容易腐壞

在中元和歲末等大節日經常會收到火腿禮盒，由於很難一次全部用完，切口的部分很容易乾掉、發霉或是腐壞。這時只要在切面塗上酒或燒酎，火腿便不容易腐壞。

香菇類冷凍保存可以提升風味！

43

生香菇類冷凍保存可以提升風味！

香菇很容易腐壞，因此生香菇建議冷凍保存。冷凍不但可以保存一個月，而且香菇會排出多餘的水分，使得鮮味濃縮。鴻禧菇和金針菇切成容易入口的大小、香菇去蒂後放入冷凍用保存袋中，將空氣排除後冷凍。不需解凍就可以直接加到湯品或菜餚中烹調，十分方便。

吹氣灌入二氧化碳，可以延長保存時間。

44

青菜放入塑膠袋後吹氣，便可以延長保鮮的時間

菠菜等青菜通常在1～2天後便會枯黃。只要將青菜放入塑膠袋後吹氣，確實封口後放入保鮮室內，吹出的二氧化碳可以延長青菜的保鮮時間約兩倍。在裝入塑膠袋之前，蔬菜的根部切下一小段後浸水，先讓青菜補充水分，保鮮效果更佳。

45

麻糬和芥末醬一起放入密封容器內保存，麻糬便不容易發霉

拍去麻糬表面的粉，放入可以密閉的乾淨容器內排放整齊，在空隙處放置用鋁箔杯裝的芥末醬後冷藏保存。芥末醬的殺菌效果可以有效預防麻糬發霉。

關鍵在於放入可以密閉的容器內。

物盡其用

不浪費一絲一毫
也是一種環保。

46 剩下的美乃滋加一點調味料，就成了美乃滋佐醬

罐底就只剩下一點點美乃滋，你是否會因此就把它丟了？其實只要加一點醋、鹽、胡椒以及少量的油，拴緊瓶蓋上下搖晃，就成了美乃滋風味的沙拉佐醬。根據美乃滋的量，依照個人喜好調整調味料的份量。

47 受潮的海苔可以做成佃煮

受潮的海苔風味受損，就會變得不好吃了。這樣受潮的海苔可以做成佃煮。將酒煮沸，讓酒精成分揮發，加入撕成小片的海苔。等到海苔融於水，水分減少後加入味醂、醬油調味，煮到海苔入味便完成了。

乾硬的乳酪只要加一點酒
就可以回復柔軟質地。

48 在表面乾掉的乾質乳酪上灑洋酒，放置幾小時

乾掉的乾酪放進有蓋的容器內，淋上白蘭地或威士忌放置4小時，就可以找回柔軟的質地。

49 利用微波爐將過期的蘋果變身成為點心

過了最佳賞味期的蘋果，最適合用糖燉煮。1顆蘋果切成扇形，搭配蜂蜜3～4大匙和檸檬汁1/2小匙，鬆鬆的包上保鮮膜，微波加熱5～6分鐘，看情形延長加熱時間。趁熱搭配麵包，或是冷卻後淋上優酪乳，可以變換多種不同的吃法。

50 剩下的少量味噌可以用來醃醬菜

最後黏在塑膠袋上的少量味噌，只要加一點酒和味醂稀釋，再放進用鹽搓揉過的黃瓜、白蘿蔔、切成薄片的嫩薑等，放置一段時間後就成了味噌醬菜。成功的關鍵在於盡量排除塑膠袋內的空氣，確實封口。

51 喝剩的啤酒可以提升燉肉的風味！

喝不完留在罐子裡的啤酒該如何處理呢？可以將喝剩的啤酒加到咖哩或燉菜內。由於酵母菌的作用，料理的風味和深度都會大幅提升。在即將放入調理塊之前加入啤酒，時機最恰當。好吃的祕訣在於等到啤酒的碳酸揮發後再使用。

保留喝剩的啤酒用來燉菜。

[1-3]

簡單保養烹調器具，讓廚房亮晶晶！

平底鍋

52

橘子皮可以去除平底鍋上頑固的油垢

橘子皮內側白色纖維部分很會吸油。炒菜後先用橘子皮擦過後再清洗，不僅可以去除油垢，更由於橘皮具有除臭效果，可以吸取油臭味。

鍋子．水壺

53

煮稀飯可以修補砂鍋上細小的裂痕

砂鍋上容易出現許多細小的裂痕，如果不予理會，裂痕加深便會造成砂鍋破裂。趁著裂痕尚淺的時候趕緊用砂鍋煮稀飯，讓稀飯發揮黏著劑的功效，修補裂痕。

稀飯會滲入裂縫，發揮黏著劑的效果。

54

燒焦的鍋子浸泡在洗米水裡一夜，隔天更好清洗

鋁、不鏽鋼、琺瑯材質的鍋子如果燒焦了，記得浸泡在洗米水裡一個晚上。隔天早上，燒焦的部分就會一塊塊剝落，大快人心。接下來只要用硬質的海綿刷洗，連微小的髒污也乾乾淨淨。

55

剩下的天婦羅麵糊最適合用來清洗鍋子的黑斑！

炸完天婦羅之後，通常都會剩下一些麵糊。用海綿沾麵糊刷洗鍋子，可以代替清潔劑將鍋子的燒焦部位和黑斑清洗地乾乾淨淨。之後再用一般的清潔劑沖洗，鍋子立刻亮晶晶。

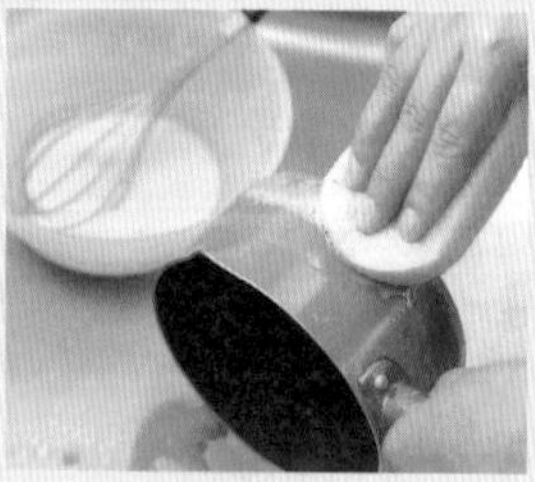

用每次都會丟棄的剩餘天婦羅麵糊刷鍋子，亮晶晶！

56

利用燒水後的餘溫，讓水壺變得亮晶晶

剛燒完水的水壺只要用海綿刷洗，不必使用清潔劑或洗碗精，就可以輕鬆刷去水壺上的髒污。如果使用鋼刷，乾淨程度更會讓你嚇一跳。小心不要被水壺燙傷。

烤魚架

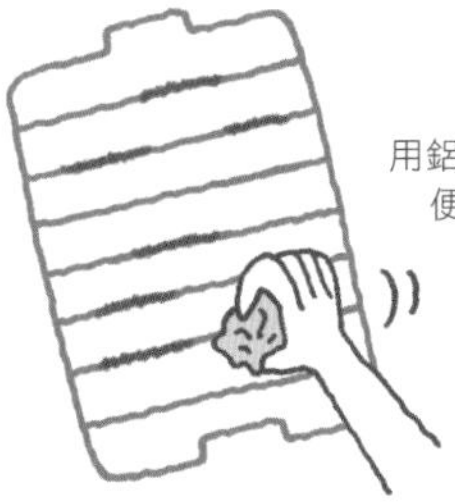

用鋁箔紙搓揉，
便可去除網架上的焦痕。

57 將鋁箔紙揉成一團，刷洗網架上的焦痕

網架上的焦痕用海綿很不好清洗。這時候只要將鋁箔紙揉成一團後刷洗，便可以輕鬆洗淨。利用已經使用過的鋁箔紙就可以了。

58 在網架下的盤子中放入茶渣，可以去除魚腥味

茶葉具有除臭的效果，且會吸附油脂。喝茶後剩下的茶渣不要丟掉，乾燥後保存備用。烤魚之後，趁熱在網架底下的盤子中撒上茶渣，便可以去除魚腥味。冷了之後用刷子刷洗。使用經過乾燥的茶葉，除臭效果更佳。

59 用洗米水輕鬆清洗烤魚架！

烤魚的時候在下面的盤子裡放一點洗米水，洗米水會吸附從魚身上滴落的脂肪，用水就可以沖走盤子上黏膩的油脂，烹調後的清潔輕輕鬆鬆。

在網架下的盤子內放入洗米水，
便可輕鬆去除油垢。

菜刀・砧板

60 一張鋁箔紙，就可以磨出鋒利的刀子

用菜刀切開對折的鋁箔紙，或是用剪刀剪鋁箔紙，透過這幾個動作，就可以輕鬆找回銳利的刀鋒。

剪刀如果鈍了，試試看
用剪刀剪鋁箔紙。

61 用鹽搓洗木製砧板便可去除髒污，跟新的一樣！

用鹽取代清潔劑搓洗木製砧板，再用水清洗即可。順著木紋搓洗是去污的祕訣。除了可以去除黑斑和異味之外，更可以去除雜菌，乾乾淨淨。這是前人流傳下來的環保智慧。

用鹽搓洗砧板，便可輕鬆去除
異味和雜菌。

[1-4]

最適合懶人的簡單掃除法

地板・地毯

62 用冰塊冰鎮就可輕鬆取下黏在地毯上的口香糖

如果口香糖黏在地毯或沙發上，只要將冰塊裝入塑膠袋放在口香糖上，等口香糖變硬，用手就可以輕鬆取下。無法一次清除乾淨，可用舊的牙刷刷洗，口香糖就會慢慢碎開剝落，最後用吸塵器吸取剝落的碎屑就可以了。

63 除塵紙拖把＋吸塵器，用來對付木地板上的灰塵最有效！

如果一開始就用吸塵器，從排氣孔吹出來的風會讓灰塵飛舞，無法有效吸塵。因此，先用除塵紙拖把擦拭灰塵，再用吸塵器吸出卡在木板接縫中的灰塵，成效保證讓你大吃一驚。

64 利用洗米水打蠟，地板亮晶晶

家裡若有木地板或長廊，記得不要把洗米水倒掉。米糠中含有的油分，可以讓木板有光澤，好像打蠟一般。洗米水也可以用來擦拭鏡子或玻璃。

泡過洗米水的抹布擰乾後可以拿來幫木地板打蠟。

使用洗米水，就不用擔心對孩子有害。
亮晶晶！好像會上癮吔……

窗戶

海綿上的刀痕與溝槽契合，來回刷動就可去除細小髒污。

65 用濕報紙擦拭，窗戶玻璃亮晶晶

舊報紙沾水弄濕後輕輕擦拭窗戶玻璃，即可輕鬆清除髒污。這是因為報紙油墨中含有油分，具有清除髒污的效果。最後再以乾報紙擦拭，玻璃更加亮晶晶。

66 畫上刀痕的舊海綿可以有效清潔窗台

清潔窗台溝槽時，使用舊的洗澡用大海綿非常方便。配合窗台溝槽的深度和寬度，用刀片在海綿上畫上刀痕。由於海綿與溝槽完全契合，只要前後刷動，連吸塵器和抹布都無法去除的髒污也一乾二淨！

67 用尼龍沐浴巾輕鬆打掃紗窗

用來洗身體的尼龍沐浴巾，舊了之後可以拿來搓洗紗窗，清除灰塵的效果驚人。清洗時記得關上窗戶，避免灰塵掉進屋內。最後再用吸塵器將溝槽吸乾淨即可。

家電用品

68 衣物柔軟精可以阻隔電視螢幕上的灰塵

抹布泡在加了數滴衣物柔軟精的水裡，擰乾後擦拭電視的液晶螢幕，可以防止靜電，灰塵也不容易附著在螢幕上。潤髮乳也具有同樣效果。無論是用衣物柔軟精或潤髮乳，用水擦拭後別忘了再用乾布擦拭一次。

用加了衣物柔軟精的濕布擦拭，灰塵便不容易附著。

69 打火機油可以讓髒到不行的家電變得亮晶晶

總是忘記清潔的微波爐、吸塵器、電風扇等，只要用經常放在超市收銀台附近販賣的打火機油擦拭，立刻變得乾淨無比（僅對金屬部分有效。塑膠表面的塗裝有可能會脫落，需要特別注意）。因為是油，擦拭時別忘了帶上厚手套，等到完全乾了再開始使用家電。

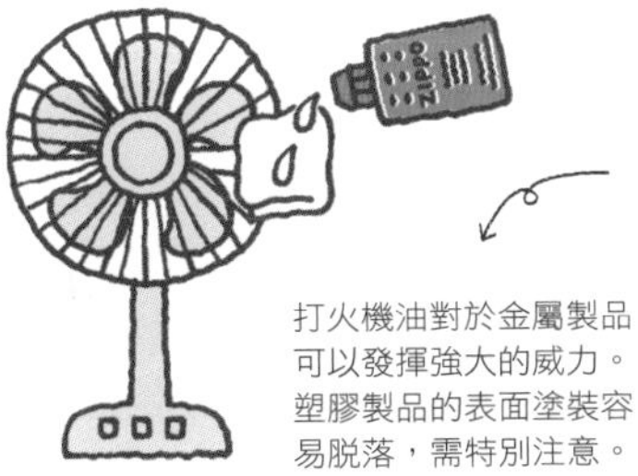
打火機油對於金屬製品可以發揮強大的威力。塑膠製品的表面塗裝容易脫落，需特別注意。

70 用醋去除咖啡機上看不見的髒污

咖啡機上的髒污很容易就被忽略。水箱中放入醋，加進10倍的水稀釋，再打開開關。最後再用水清洗水箱和咖啡壺即可。

廚房

71 用過的鋁箔杯可以有效防止排水口的黏液

便當裡用來盛菜的鋁箔杯用過後不要丟掉，洗乾淨後放入排水口。只要靜置，與水反應後所產生的金屬離子可以有效擊退產生黏液的細菌，使得髒污不容易附著。

72 橘子皮可有效清除水槽的油垢

橘子皮具有中和油脂、增添光澤的功效。將皮揉成一個圓球後刷洗水槽，光亮的程度保證讓你大吃一驚。用橘子皮搓揉沾滿油污的海綿後沖洗乾淨，效果同樣驚人。

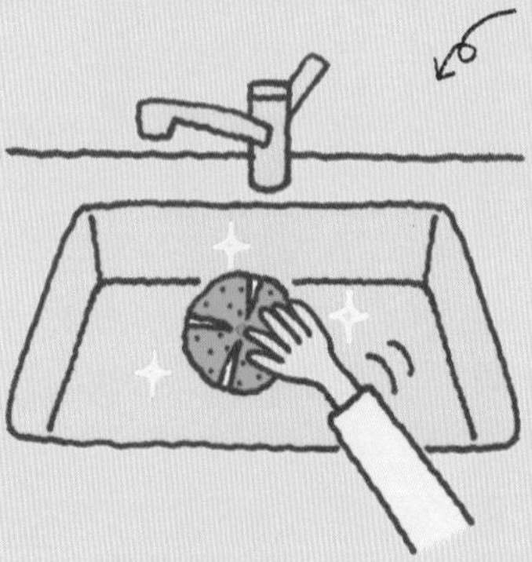

用橘子皮刷洗，
水槽的油垢立刻乾乾淨淨。

73 舊的刷毛衣＋啤酒，不用清潔劑，抽油煙機一樣亮晶晶

將不穿的刷毛衣剪成適當的大小，沾取喝剩的啤酒擦拭抽油煙機。夾雜灰塵和油垢的抽油煙機，不用清潔劑一樣可以亮晶晶。

建議可以剪一小塊刷毛衣擦拭
抽油煙機的髒污。

74 煮麵水可以輕鬆去除流理台的油垢

煮烏龍麵和義大利麵的煮麵水對於清潔流理台髒污的效果超群。抹布沾取適量的煮麵水擦拭，溶於煮麵水中的麵粉包覆油脂，可以有效清除油垢。趁著煮麵水還熱的時候直接倒到流理台上，凝固的油脂一下子就融化了，效果更佳。

75 包覆包鮮膜，可有效對付廚房頑固的髒污

對付牆壁、抽油煙機、微波爐附近、水槽等頑固的髒污，可以噴上清潔劑後裹上保鮮膜密封。靜置一陣子後再擦拭，乾淨的程度保證讓你大吃一驚。最後只要再用水擦乾淨即可。

PART 1

住家篇

—廚房・衛浴設備

衛浴設備

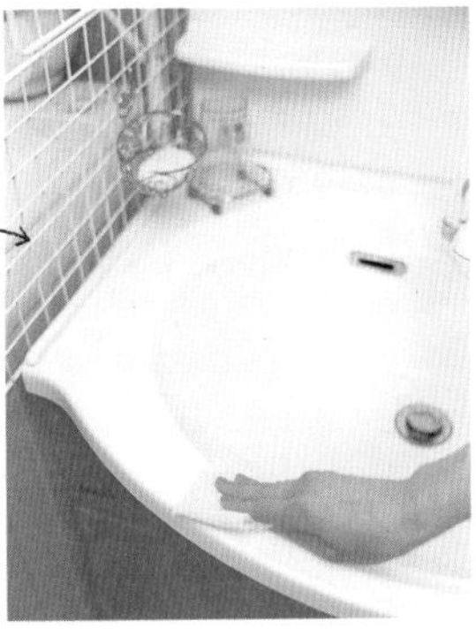

用來洗身體的尼龍沐浴巾可以輕鬆去除黴菌。

76 舊的尼龍沐浴巾可以有效去除洗臉台和浴室牆壁上的黴菌

用來洗身體的尼龍沐浴巾，舊了之後可以剪成15cm大小的方形備用。洗臉台或浴室牆壁如果發霉，可以試試看用尼龍沐浴巾刷洗。就算不用清潔劑也可以乾乾淨淨。

77 想要洗臉台亮晶晶，不妨試試看牙膏

洗臉台因水垢等變得黯淡無光時，只要在海綿上擠出3～4cm的牙膏刷洗，便可以有效去除黏液和髒污，變得亮晶晶，最後只要用水沖洗即可。細微的地方可以用舊牙刷刷洗。

用鋁箔紙搓洗可以去除就連清潔劑也束手無策的髒污。

78 鋁箔紙可以有效對付附著在洗臉台上的水垢

對付附著在洗臉台上頑固水垢的最好辦法，就是將鋁箔紙剪成小塊刷洗。也可以用同樣的方式對付附著在浴室椅和水瓢上的水垢。用泡澡剩下的熱水浸泡一陣子之後再刷洗。

79 噴灑日本酒可以有效對抗浴缸蓋上的水垢＆污漬

附著在浴缸蓋上的水垢和黴菌，日本酒可以有效對抗這些黑色污垢。用喝剩的日本酒加水稀釋後噴灑，最後再用水沖淨。不僅是髒污，就連惱人的黏液和異味也都消失不見。捲蓋式浴缸蓋的溝槽部分，則可以用筆或牙刷清潔。為了確保萬一，清潔時記得保持空氣流通。

噴灑稀釋的日本酒，再用水沖洗捲蓋式浴缸蓋。並可用牙刷來刷洗溝槽。

80 磁磚接縫的黴菌可以用磨砂橡皮擦＋蠟燭消滅

卡在磁磚接縫的惱人黴菌可以用磨砂橡皮擦清除，最後再用蠟燭搓磨，就不容易發霉。

[1-5]

善用天然素材去除惱人的異味！

廚房除臭

81 咖啡渣連同濾紙一起乾燥後可以放在水槽下除臭

咖啡豆具有吸收味道的功效。不要丟掉濾紙上的咖啡渣，乾燥後為了避免咖啡渣掉落，可以用釘書機將濾紙封口，放在水槽下面即可發揮除臭的功效。也適合放在冰箱裡除臭。要特別注意的是，咖啡渣乾燥不完全很容易發霉。

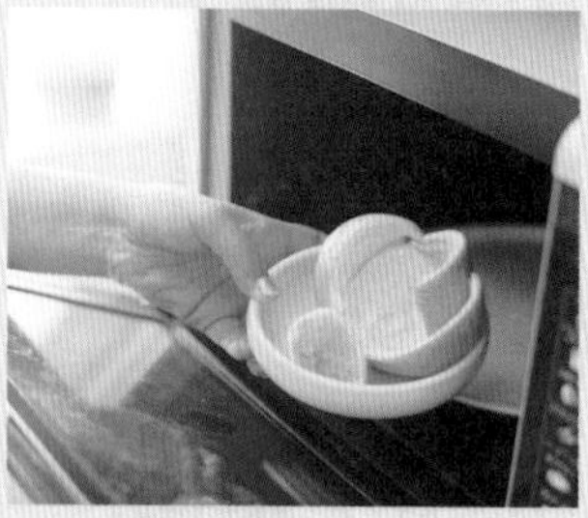

微波加熱柑橘類果皮可有效去除微波爐的異味。

82 微波加熱檸檬皮，可以消除微波爐的異味

擠完果汁後剩下的檸檬、橘子等柑橘類果皮放在耐熱器皿上，微波加熱1分鐘！這樣香味便會與蒸氣一起充滿微波爐，有效去除微波爐內的異味，散發淡淡的香氣。也可以將1大匙的檸檬汁放進耐熱器皿中加熱代用。

洗米水放進大鍋裡，再放入保鮮盒浸泡，可去除異味。

83 保鮮盒泡洗米水，可以消除惱人的異味

咖哩等氣味重的食品放入保鮮盒後，味道很難去除。這時只要將保鮮盒浸泡在洗米水中約30分鐘後清洗，即可除臭。洗米水中所含的米糠成分不僅可以去除異味，也可以清除髒污。

84 烤焦的麵包可以用來消除冰箱的異味

烤焦麵包或是過了賞味期限的土司等，切成長條狀放進烤箱，烤到連中心部分也焦黑就可以當作除臭劑使用。當然，土司邊也OK。用鋁箔紙包起來，刺幾個小孔保持通風，放進冰箱即可。

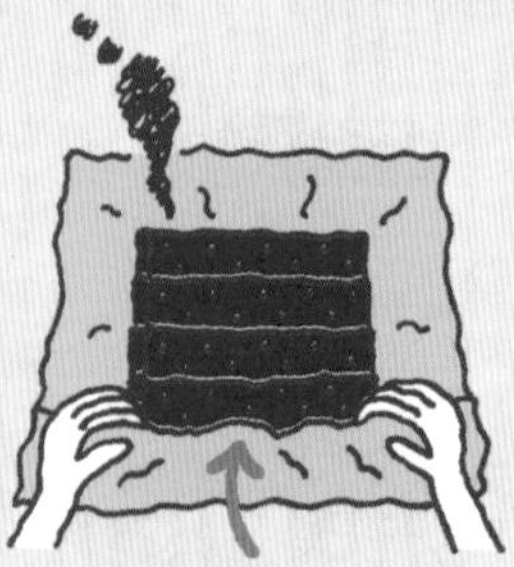

用鋁箔紙將烤焦的麵包包起來，用牙籤刺幾個洞後放入冰箱。

客廳除臭

甩濕毛巾可以快速去除惱人的異味。

85 只要1杯醋就可以有效對抗室內的異味

前一天的油煙或是寵物、香菸味等等，如果發現室內開始出現這些生活中常見的異味，可以試試看在杯子裡倒入半杯醋。醋具有消除惡臭的功效，只要靜置半天，便可有效去除異味。

86 要盡速去除異味，可以甩濕毛巾

氣味具有與水結合的特性，因此只要將濕毛巾擰乾後在空中畫圓便可以除臭。尤其是在吸菸之後，除了氣味之外，也可以吸附煙，一舉兩得。家裡突然有訪客的時候，這個快速又方便的方法就可以派上用場。

87 蒸氣熨斗可以去除附著在衣物上的菸味或油煙味

出席宴會後，心愛的衣物不小心沾上菸味或烤肉等油煙味。這時只要將衣物吊起來，用蒸氣熨斗燙過後晾乾，惱人的異味立刻消失不見。

88 拌炒過期的茶葉，室內惱人的異味立刻變身為清新的香氣

用平底鍋拌炒已經沒有風味的煎茶，會飄出如烘焙茶般的香氣，惱人的異味立刻消失不見。炒過的茶也可以當作烘焙茶沖泡飲用，一舉兩得。茶渣也具有相同的效果，拌炒前記得先充分風乾。

拌炒煎茶會散發出一股清香，連心情都好了起來！

89 小蘇打粉＋吸塵器可以去除地毯的異味

不知道異味從何而來，這時候的罪魁禍首多半是地毯。首先將小蘇打粉均勻撒在地毯上靜置一晚，隔天再用吸塵器吸乾淨。如此便可以去除惱人的異味。祕訣在於撒上小蘇打粉後用硬毛刷刷過，確保小蘇打粉滲透到地毯根部。

附著在地毯上的異味只要撒上小蘇打粉，再用吸塵器吸乾淨即可解決。

Best 140
衣物篇

[1-6]

清除髒污、延長衣物壽命的洗衣祕訣

對付斑點・黃垢・異味

90

洗衣前先用洗髮精搓洗，可以有效對抗頑固的污漬

如果家裡有不用的洗髮精試用包，可以用來洗衣服。洗髮精原本就對於清潔毛髮的皮脂具有很好的效果，因此非常適合用來去除領口、袖口、襪子上的頑固污漬。由於洗髮精的洗淨力強，只需要少量便足夠。用刷子刷洗，接下來只要按照正常步驟放入洗衣機清洗即可。

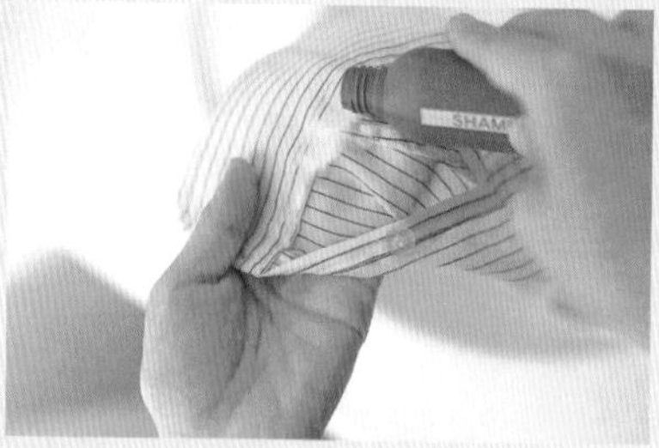

袖口或領口上的皮脂髒污，可以用洗髮精清洗。

91

臭氣沖天的襪子只要浸泡在醋水中一晚，污漬和異味全部一掃而空

醋具有殺菌、除臭、漂白的效果。在水桶裡放入1公升的水和1大匙的醋，將髒襪子浸泡一個晚上。隔天早上只要放入洗衣機正常洗衣，醋的功效會讓髒污和異味全都乾乾淨淨。

92

加了檸檬的熱水可以對抗白色棉質襯衫上的黃垢

白襯衫上的黃垢，正常的洗衣方式很難洗淨。向大家推薦一個好辦法，就是將襯衫放入加了1顆檸檬汁的熱水中煮10分鐘。取出之後只要按照正常步驟放入洗衣機清洗即可，襯衫恢復潔白的程度保證讓你大吃一驚。

白襯衫只要加檸檬汁熱煮就會變得雪白。
送我什麼？
變白以後，我打算把這個送給妳……
我以前的連身洋裝。

93

衣物上的血漬可以用白蘿蔔泥去除

因為受傷、流鼻血等使得衣物沾染到血跡，立刻用水清洗，在髒污的部分底下墊一條毛巾，上面鋪上適量的白蘿蔔泥，再用白蘿蔔的尾端敲打，這樣血漬就會變得比較不明顯。

曬衣的小祕訣

94 毛巾脫水後甩幾次 再順毛便可以保持蓬鬆

毛巾的蓬鬆感取決於表面的毛流。洗衣後，毛巾的毛流東倒西歪，有損毛巾的蓬鬆感。洗衣後抓住毛巾角上下甩動數次，曬好後再用手順毛，讓毛流維持同一個方向，如此就可以恢復毛巾的蓬鬆感。

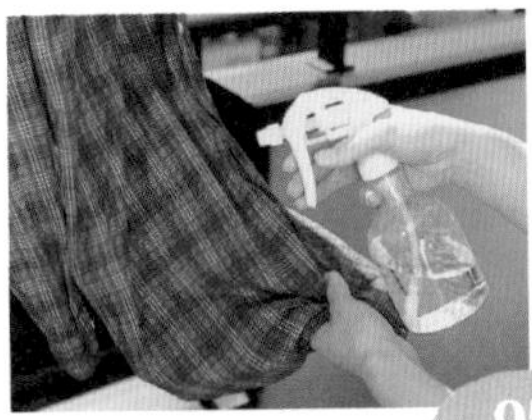

只要噴一點水，
頑固的皺褶就會不見。

95 脫水產生的皺褶 只要噴一點水就可以消除

脫水時間過長，或是脫水後放置很長一段時間，衣物就會出現許多皺褶，就算用手拍打也不會消失。這時只要在剛開始曬衣的時候用噴霧器噴一點水，再用手拍打將衣物攤平，再深的皺褶也會消失不見。

96 球鞋插在瓶子上晾乾會更快乾

如果只是將球鞋平放，必須花上很長的時間才會乾。但只要將球鞋套在空瓶上，球鞋不但不會變形，而且很快就乾了。

97 曬衣服時將襪子腳尖部分朝上更快乾

洗好的衣服水分會從上往下滴落，從上部開始乾。因此，如果將襪子布料較厚的腳尖或腳跟部位朝下，水分囤積就不容易曬乾了。希望節省曬衣的時間，正確的做法是將腳尖部位朝上曬。

98 用乾毛巾包裹高級衣物脫水更快乾

薄的針織衫或絲質衣物，手洗後不能脫水，必須花上很長時間才會乾。這時只要攤開一條乾毛巾，配合衣物的大小摺疊後再將衣物捲起來，放進洗衣機內脫水15～20秒。乾毛巾會吸附水分，衣物也不容易變形。

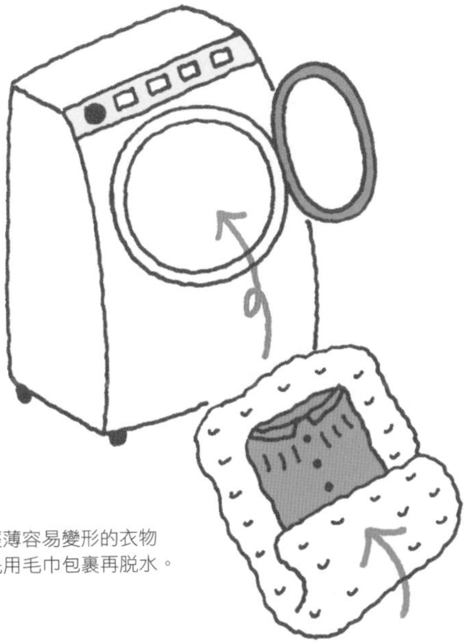

輕薄容易變形的衣物
先用毛巾包裹再脫水。

[1-7]

衣物保養和聰明收納的小智慧

衣物保養

99

學生服和西裝的磨損痕跡可以靠海綿＋刷子解決

褲子的臀部處尤其容易磨損，很容易就看起來亮亮的。為了不讓磨損痕跡看起來太明顯，首先用乾的海綿從磨光明顯的部分刷向磨光不明顯的部分。接下來用衣物除塵刷朝反方向刷，最後再往回刷。如此一來，磨損的痕跡便會變得比較不明顯。刷的時候記得不要太用力。

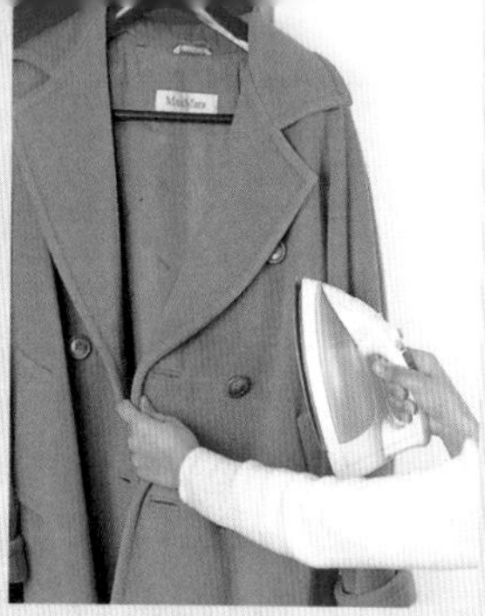

頑固的防蟲劑異味可以用蒸氣熨斗解決。

100

附著在衣物上的防蟲劑異味，可以用蒸氣熨斗消除

你是否也曾有過這樣的經驗？從收納箱中拿出來的衣物沾染防蟲劑異味，久久不散。這時只要將衣物吊起來，用蒸氣熨斗燙過後放在通風的地方，經過一個晚上，味道就會消失不見了。異味會隨著水蒸氣一起蒸發。

101

醋＋熨斗可以用驚人的速度讓皺褶消失

褲腳和裙擺上的皺褶，就算用熨斗燙也不容易消失。但只要用牙刷塗一點經過稀釋的醋水在皺褶上，再用乾熨斗燙過，皺褶便會消失，既簡單又快速。由於需要加強熨燙，務必事先確認衣物的材質後再熨燙。

就算是小朋友的制服也不用煩惱了。
真的好神奇喔～

舊牙刷沾一點醋水再用熨斗燙平，皺褶就消失了。

102

廚房海綿用來去除毛球真好用

對付衣物毛球，只要用廚房海綿粗糙的那一面朝著同一方向輕輕滑動，便可以一次解決。來回滑動會造成反效果，需要特別注意。

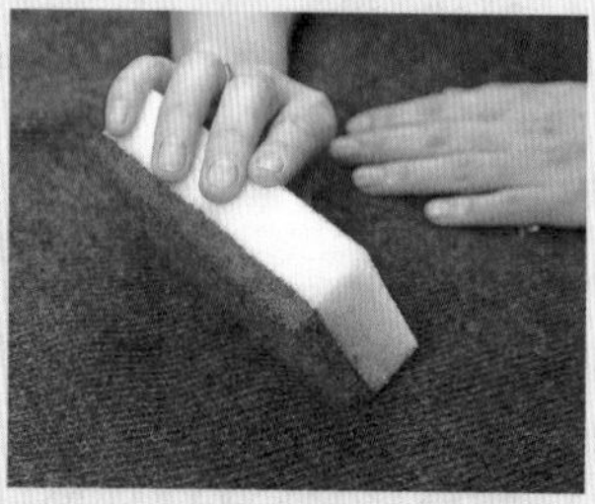

利用廚房海綿的粗糙面，可以一次解決所有毛球。

衣物收納

建議將睡衣直立擺放在籃子裡收納。

103 就算會皺，睡衣類還是建議捲起來收納

睡衣等經常使用的日常衣物，建議捲起來後直立擺放收納。如此一來，挑選時一目瞭然，也不會老是穿放在上層的那幾件衣服。

104 剛燙完的衣物絕對不要馬上收起來

剛燙完的衣物很容易變形，建議暫時吊掛在屋內。尤其是蒸氣熨斗燙過的衣物會殘留水氣，馬上收起來是造成發霉的主因。

善用紙芯的圓弧設計，就算是鐵衣架也不會在褲子留下痕跡。

105 套上保鮮膜的紙芯，就算是鐵衣架也不會在褲子留下多餘的褶痕

鐵衣架下端15cm處用鉗子剪斷後套上保鮮膜的紙芯，剪斷的地方再用膠帶黏好。拜圓筒狀的紙芯所賜，褲子就不會留下吊掛的摺痕。另外，在紙芯綁上幾根橡皮筋，還可以防止褲子滑落。

106 活用紙芯來收納絲襪&襪子

絲襪很容易就放得亂七八糟，尤其是同色的襪子找不到配對的另一只，總讓人心煩。只要將襪子塞進衛生紙或廚房紙巾的紙芯（太長的話剪短後再用）直立收納，如此不但一目瞭然，襪子也不會打結，使用起來非常方便。

107 絲綢或喀什米爾羊毛衣物，請收納在濕氣少的上層衣櫃

高級衣物最怕的就是濕氣。收納時盡量避免濕氣重的下層衣櫃，盡量放在衣櫃最上層。中段部分適合擺放不怕蟲害的聚脂纖維等合成纖維製的衣物，而比較不怕濕氣的棉麻衣服則可以放在最下層。

108 防蟲劑放在衣物上，除濕劑放在衣物下最有效

在收納箱或衣櫃抽屜內擺放防蟲劑時，記得要放在衣物的上面。防蟲劑的成分比空氣重，因此放在衣物上面效果最佳。另外，由於濕空氣容易在下方囤積，除濕劑放在衣物下方才是正確做法。

為了保護衣物遠離害蟲與濕氣，記得將防蟲劑放在衣物上，除濕劑放在衣物下。

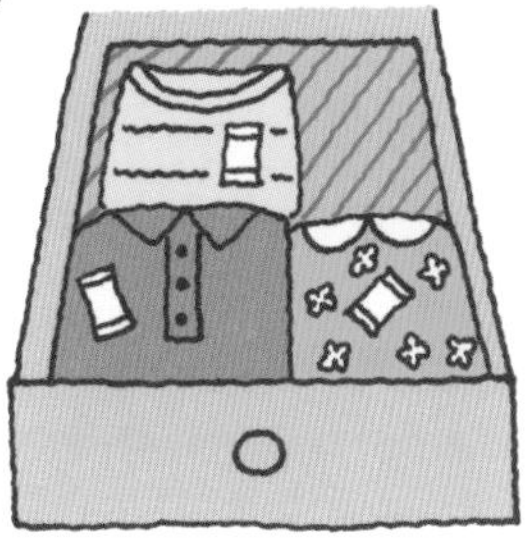

[1-8]

保養配件&雜貨的妙計

鞋子・皮包

109

皮靴如果變硬，可以套在裝有熱水的一公升玻璃瓶上

你是否也有這樣的經驗？冬天來了，拿出收好的靴子卻發現靴子變得又硬又難穿。這時光是幫靴子上油是無法解決的。取容量一公升的玻璃瓶，灌入熱水後拴緊瓶蓋，再將靴子套在上面，靜置30分鐘。皮革遇熱後會變得柔軟，穿起來也舒服許多。如果是短靴，可以用啤酒瓶代用。

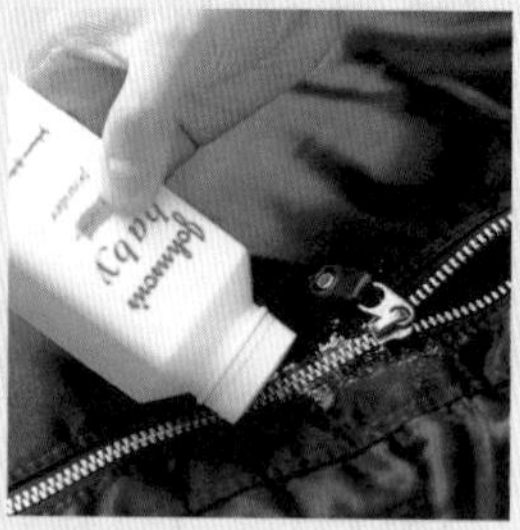

在拉鍊上撒上嬰兒爽身粉，開闔更順暢。

110

撒上嬰兒爽身粉就可以讓皮包的拉鍊變得好拉

如果皮包或衣服的拉鍊變得遲鈍不好拉，可以試試在上面撒一點嬰兒爽身粉。細小的粒子可以讓拉鏈變得好拉，開闔更順暢。

111

對抗球鞋的髒污，可以撒上一點嬰兒爽身粉

經常清洗當然是最好的辦法，清洗後撒上嬰兒爽身粉再用刷子刷，球鞋會變得更白。另外，穿新球鞋前先噴上防水噴霧，既可以阻擋水分，髒污也不容易附著在鞋子上，十分推薦。

112

用絲襪刷鞋子，不用鞋油也亮晶晶

試試看用舊絲襪，不沾任何鞋油刷皮鞋，你會發現皮鞋變得亮晶晶。當然，為了替皮鞋補充養分，需要適量的鞋油，但日常保養只要有絲襪就足夠了。

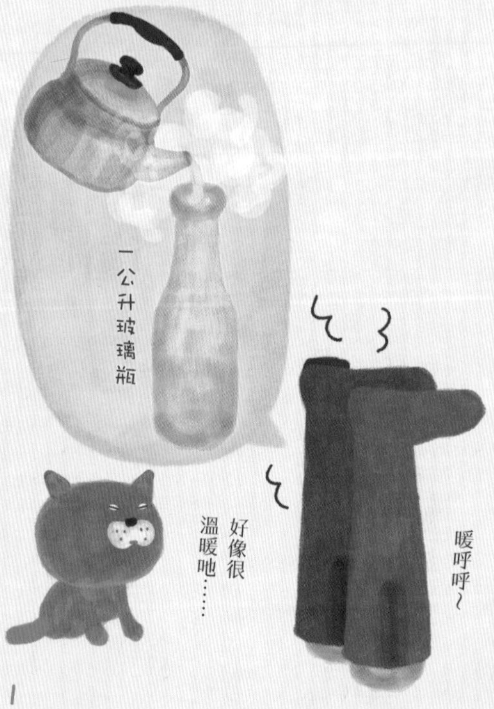

玻璃瓶裝入熱水後拴緊瓶蓋，
再將靴子套在上面，硬梆梆的靴子也會變得柔軟。

生活小物

113

纏在一起的鍊子，只要撒上一點嬰兒爽身粉就可以解開

墜子或項鍊的鍊子只要纏在一起便很難解開，需要很大的毅力和耐力。只要在打結部分撒上一點嬰兒爽身粉，鍊子容易滑動，也就比較容易解開了。

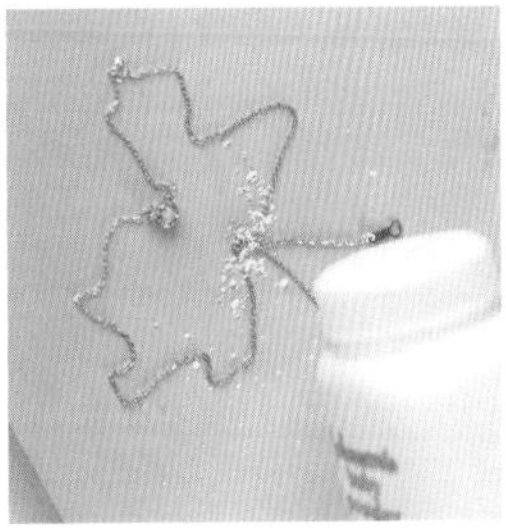

鍊子纏在一起，只要撒一點嬰兒爽身粉再用手指搓揉，很容易就可以解開。

去黑漬後再用專用的布擦拭。
昂貴首飾最好還是請珠寶店代為處理。

114

清潔銀製品髒污最好的辦法

銀製首飾如果發黑變色，可以在有一點深度的器皿鋪上鋁箔紙，首飾放進去後均勻撒上小蘇打粉。倒入熱水靜置一段時間，銀製品就會變得亮晶晶。最後再用銀製品專用的布擦拭，更可以恢復光澤。同樣地，在鍋子裡鋪上鋁箔紙，倒入水煮沸，以水5、鹽1的比例加入鹽，再將首飾放進去煮，即可有效挽救發黑的首飾。

115

黏在一起的郵票只要放進冰箱，很容易就可以撕開

如果郵票黏在一起，硬要撕開很容易就破了。這時只要將郵票放入冰箱冷藏半天～1日，就可以解決這個問題。黏膠經冷藏後會乾掉，很容易就可以撕開。

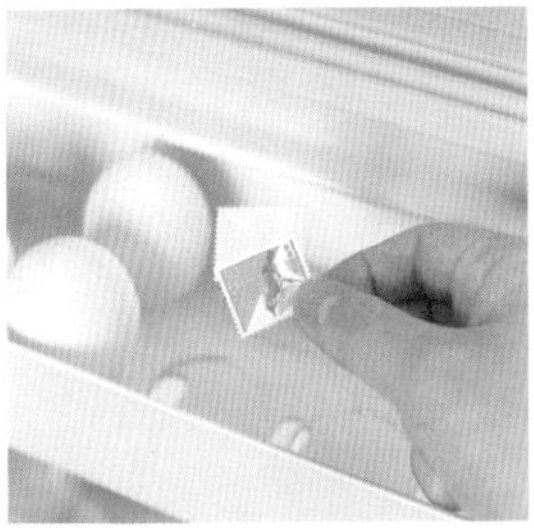

郵票黏在一起，只要放進冰箱冰鎮就可以撕開。

116

鉛筆可以讓不易插入的鑰匙插孔變得更順暢

用鑰匙開關門的時候，如果發現鑰匙變得容易卡住，可以將鉛筆芯削成粉撒在鑰匙上。進出鑰匙孔數次後，就會發現鑰匙變得順暢好用。潤滑油或噴霧式矽膠油會造成反效果，要特別注意。

117

生鏽的針只要用鋁箔紙搓過，就會恢復鋒利

生鏽的針穿不透布，這時只要用鋁箔紙夾住針用力搓，或是將針穿過鋁箔紙，針就會恢復鋒利。若再沾一點油用布擦拭，更是萬無一失。搓針的時候小心不要被針刺到手。

針穿過鋁箔紙，就可以恢復鋒利。

Best 140
節約&
環保篇

[1-9]

愛地球又兼顧家計的節約妙計

節能&再利用

118 外出前20分鐘將冷氣關掉！

無論是冷氣還是暖氣，關掉電源之後的15~20分鐘依舊可以維持一定的溫度。因此，外出前20分鐘就先把電源關掉吧。每天的舉手之勞所累積下來的節能效果也十分可觀。另外，空調室外機如果受到陽光直射，熱交換的效能下降，會造成不必要的電費支出。因此別忘了用簾子等幫室外機遮陽。

養成外出前20分鐘關掉空調的習慣，省電效果絕佳。

119 在地毯或電熱毯下鋪紙箱，可以提升暖房效果

紙箱是堆疊多層紙所製成，當中含有空氣，是具有高度保溫效果的素材。只要將紙箱鋪在地毯下放腳和屁股的部位，就可以提升暖房效果。同樣地，將紙箱鋪在電熱毯下，就算降低設定溫度，依舊可以保持溫暖。

120 不要用熱水瓶，要用熱水時再用瓦斯爐燒水，可以節省電費

隨時有熱水可以喝的熱水瓶，除了燒水之外，其實大部分的電費都花在保溫上。因此，需要時取適量的水用瓦斯爐燒，可以大幅降低電費。比起一直保溫的水，用剛燒開的水泡茶或咖啡更好喝。

用瓦斯爐燒水比用熱水瓶燒水更節能。

121 冷藏室不要塞太多東西，冷凍室塞滿東西才是正確做法

冷藏室如果塞滿東西，冷氣無法有效循環，為了維持一定的溫度，結果必須花費更多電力。如果只使用七成左右的空間，則可以節省大約10%的電力。另一方面，如果冷凍室有空隙，為了降低空隙的溫度，反而會耗費大量電力，因此冷凍室一定要塞滿。減少開關冰箱的次數和時間也是省電的關鍵。

＋與－交互排列，用手摩擦，沒電的電池就會復活。

122 將乾電池電量用盡的辦法

乾電池沒電之後，你是否馬上就丟棄了呢？取出沒電的乾電池，正負電交互排列，相互摩擦20秒後就會大復活（話雖如此，一陣子後還是會沒電）。另外，遊戲機等耗電量大，乾電池的電力用盡後可以試著裝進耗電量少的電視遙控器或鬧鐘中。

123 比起將浴缸儲滿水後再加熱，直接從熱水器儲熱水更省瓦斯

如果家中有熱水器，比起將浴缸儲滿水後再加熱，直接從熱水器儲熱水，調整希望的水溫更省瓦斯。如果家中沒有熱水器，而是直接儲水加熱型的浴缸，夏天時可以從早開始儲水，中午隨著氣溫上升、水溫也會上升，可以縮短加熱的時間。相反地，冬天最好是加熱前再開始儲水。

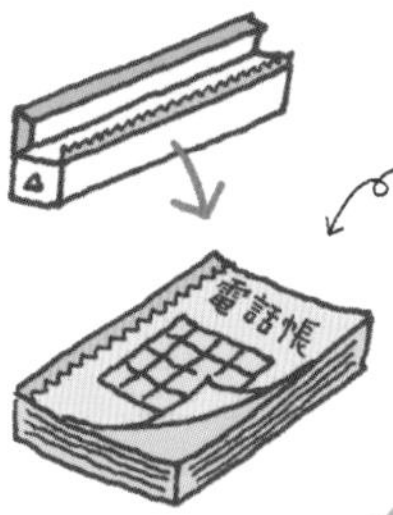

電話簿可以用來取代廚房紙巾。只要將保鮮膜盒子上的刀片黏在電話簿上，即可輕鬆撕取。

124 保鮮膜的刀片貼在舊電話簿上，可以撕下來擦拭廚房髒污

電話簿的紙張薄且可以吸附油和水，非常適合用來擦拭器皿或油鍋。可以將保鮮膜盒子上的刀片黏在電話簿上，方便撕取。

125 剩下的蔬菜放入水中栽培，可以收成新鮮蔬菜

市面上可以買到連根出售的水耕鴨兒芹和青蔥。趁新鮮切下根部浸泡在水裡，在溫暖的季節只需1～2日便會發芽，數日後即可收成。大約可以收成3～4次。建議可以種在廚房的窗台邊。煮湯、燉菜等需要綠色蔬菜增色時，或是用來當作麵類的辛香料等，非常好用。另外，記得每天更換新鮮的水，吃起來更衛生安心。

鴨兒芹

根部留下至少5公分，切下（買來時根部若附有海綿則不必特別取下）放入杯子裡，加水至根部一半的位置。

青蔥

根部留約5公分，切下放入杯子裡，加水至根部一半的位置。讓根部稍微散開，有利吸水。

Best 140
健康&美容篇

[1-10]

照顧每天的健康！解決身體的不適

健康管理&美肌

126

只要1茶碗的甘酒，立刻解決頑固的便祕！

長期便祕是造成皮膚變差、腹痛等問題的罪魁禍首。想要盡速解決這個問題，試試看喝一杯麴釀的甘酒（注意！非酒粕釀製的甘酒）。麴菌的整腸作用和排毒效果可以立刻解決便祕問題。每天持續飲用可改善腸胃，還能美肌&瘦身。

127

拉頭頂的頭髮，對於改善輕微的頭痛有不可思議的效果！

拉頭頂的頭髮可以改善頭痛。根據頭痛的程度調整力道。

頭痛時無論做什麼事都提不起勁。這時只要抓一把頭頂的頭髮向上拉提，利用這樣的刺激促進血液循環，給人一種舒暢的感覺，進而改善頭痛。

128

每天1杯薑紅茶可以有效對抗手腳冰冷

困擾許多女性的「手腳冰冷」其實是萬病之源。為了預防和改善，請養成每天喝1杯薑紅茶的習慣。做做法十分簡單：將1塊薑磨成泥擠出薑汁加入紅茶中，也可以根據喜好加入蜂蜜飲用。另一種做法是不將薑磨成泥，直接連皮切成薄片，取3～4片與茶葉一起煮。

利用甘酒中麴菌的整腸作用解決頑固的便祕！

129

利用綠茶＋優格的雙重力量，擊敗惱人的口臭

原味優格中加1小匙綠茶粉，乳酸菌和兒茶素的雙重力量可以有效預防口臭。另外，吃完油炸食物後口中如果覺得油膩，也可以用綠茶＋優格來解膩。

吃完味道重的食物後吃綠茶＋優格可預防口臭。

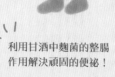

PART 1

健康&美容篇

健康管理&美肌

白蘿蔔和蜂蜜的組合可以減輕咳嗽&喉嚨的刺痛感。

用加了鹽的番茶漱口可以預防感冒&喉嚨痛。

130

覺得肩膀痠痛，只要一條毛巾立刻改善

如果一直維持同一個姿勢，例如打電腦，肩和腰會覺得不舒服。這時慢慢站起來，兩手握住比肩稍寬的毛巾或繩子，從身體前方往上舉再往後拉，接近背部。只要重複5次，就會感覺舒服許多。

131

預防感冒&喉嚨痛的最好辦法，就是用茶漱口

漱口對於預防感冒最有效。泡一杯濃的日本茶或日本番茶，加入1撮鹽，等茶冷了用來漱口。茶中所含的兒茶素具有殺菌效果，可以有效預防感冒。鹽的消炎效果加上茶單寧的作用，對於喉嚨痛也很有效。

132

白蘿蔔＋蜂蜜可以止住磨人的咳嗽！

咳個不停是一件非常磨人的事。這裡向大家推薦自製的白蘿蔔糖。白蘿蔔切成1公分的小塊，放進乾淨的容器內，倒入滿滿的蜂蜜，浸泡30分鐘以上。白蘿蔔的辣味成分具有殺菌力，再加上蜂蜜可以預防發炎並提供滋潤，效果顯著。可以依個人喜好喝泡了白蘿蔔的蜂蜜或吃白蘿蔔。

133

熱毛巾摀住鼻子深呼吸，可以改善鼻塞

鼻塞最大的敵人就是乾燥，只要補充適當的水分，鼻子就會通。濕毛巾放進微波爐加熱30～40秒後摀住鼻子，重複深呼吸，鼻子中充滿適度的水分，不舒服的感覺便可獲得改善。加入幾滴薄荷等清涼的香精，感覺更是舒暢。

134

睡不著的時候，按摩頸部&頭部

如果錯過睡覺的時機，有時候睡意就會離你越來越遠。這時記得按摩頸部和頭部。距離兩邊耳根內側2～3根手指頭的位置是安眠穴位，適度的穴位按摩與頭皮按摩有助於放鬆。

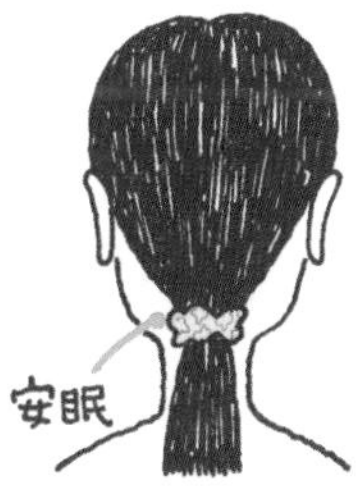

用兩手的大拇指刺激安眠穴位，不可思議地就會打起呵欠！

135

大蒜＋薑湯是最簡單的消除疲勞的營養補充飲料

大蒜和薑同樣具有消除疲勞、補充體力，以及改善手腳冰冷的效果。做法是將大蒜（剝皮）和薑（帶皮）切成薄片後各取15克放入鍋中，加入400毫升的水。沸騰後轉小火，煮到湯汁收乾成一半。利用廚房紙巾等過濾後加入適量的蜂蜜即可飲用。睡前喝一杯，隔天早上起來疲勞全消。

感到疲勞時，睡前記得喝一杯大蒜＋薑湯。

用綠茶渣洗臉，
清爽又舒暢！

136 用保鮮膜敷臉對抗肌膚問題效果大

在乾燥的季節，如果臉、手腳等的肌膚出了狀況，首先將出狀況的部位清潔乾淨，塗上厚厚一層的乳液或嬰兒油，上面再覆蓋保鮮膜。過了一段時間，肌膚水嫩的模樣簡直判若兩人。使用在臉部時，記得在口鼻部分開孔，保持呼吸順暢。

137 用綠茶洗臉可以去除肌膚多餘的油脂，更有清爽&拉提的效果

茶渣放入洗臉盆倒入熱水，等到降溫至常溫後用來洗臉。茶渣黏在臉上時輕輕取下，用指腹輕拍臉龐，讓綠茶水滲透到肌膚內。洗完臉自然風乾，不要用毛巾擦。如此一來，不但可以去除肌膚多餘的油脂，還具有拉提和美白效果。

138 嘴唇乾裂的時候可以塗蜂蜜！

如果嘴唇乾燥龜裂，試試用蜂蜜代替護唇膏。上面再覆蓋上保鮮膜，效果倍增。因為是蜂蜜，就算吃進肚子也不用擔心。蜂蜜還有抑制發炎的效果，嘴巴破了也可以試試看。

139 塗上剩下的蛋白，肌膚馬上變得光滑

只要用手將蛋白塗在臉上，做法十分簡單。一次使用1顆蛋的蛋白，避開眼睛和嘴巴周圍，用手均勻塗滿全臉，15～20分鐘後用水清洗即可。中途會覺得肌膚緊繃，但清洗後肌膚就像剛剝開的白煮蛋一樣，光滑有彈性。祕訣在於小心不要讓滑溜的蛋白滑落（肌膚敏感的人請先在手臂上試用，沒有異狀再塗在臉上）。

用剩的蛋白是最好的美肌產品！
事前記得將臉和手清洗乾淨。

140 橄欖油＋鹽讓大象皮般的手肘和膝蓋變得光滑

橄欖油加鹽攪拌至濃稠的乳液狀後，取適量塗在肌膚上畫圓按摩。油脂會帶給肌膚滋潤，鹽的滲透壓則有助於排出老廢物質。最後再用濕毛巾擦拭，光滑的程度保證讓你大吃一驚。請使用粗鹽。

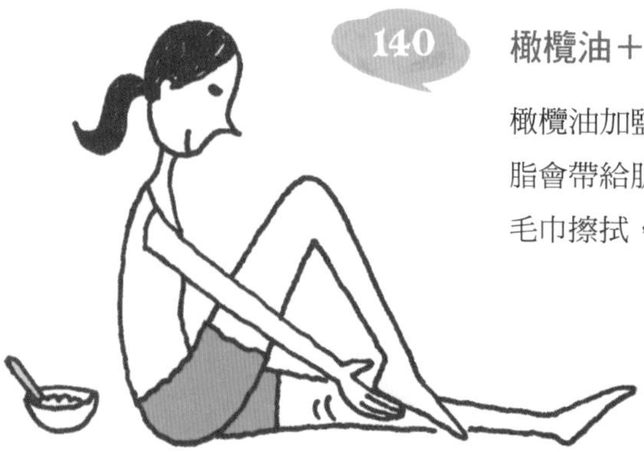

橄欖油加鹽，再用手輕輕按摩，
肌膚就會變得光滑。

Part 2

“食的”智慧百寶箱

運用前人的智慧，
把對於食材與烹調法、
調味料等似懂非懂的
疑惑一掃而空！

Part 2
食材篇

[2-1]

各項食材的備料&烹調智慧

肉類

141

薑燒豬肉的豬肉裹粉再炒，滋味更棒

這是一道人氣美食，但經常有人抱怨豬肉不夠入味。讓豬肉有效沾上調味料的祕訣就是先將豬肉裹上一層麵粉。但粉過多反而會影響口感，記得用手拍去多餘麵粉。另一個祕訣是等肉熟了以後再加調味料。

肉裹上粉再炒，調味料更能夠均勻附著在肉上。

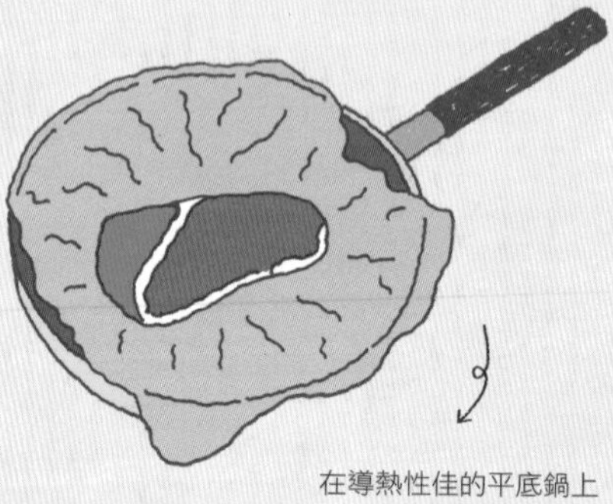

在導熱性佳的平底鍋上鋪鋁箔紙，再放上冷凍肉，則可縮短解凍時間。

142

冷凍肉放在鋪有鋁箔紙的平底鍋上，可以快速解凍

想要快速解凍冷凍肉，可以利用導熱性佳的鋁箔紙，再搭配同樣具有高導熱性的平底鍋，更是事半功倍。比起放在塑膠盤上，這個方法的解凍速度可以快上2～3倍。

143

雞胸肉用橄欖油醃過更多汁！

雞胸肉的脂肪少，想要吃到多汁的雞胸肉，可以加適量的橄欖油醃20分鐘。油瀝乾後拌炒，雞胸肉不但不乾澀，還會變得多汁有彈性。

只要加一點橄欖油醃漬，雞胸肉就不再乾澀！

144

牛排退冰至室溫再煎，就不會失敗

有一定厚度的牛排，在準備烹調前30分鐘從冰箱拿出來，等到肉的中心部分也降到室溫再煎是不變的原則。如果在牛排冰冷的時候煎，平底鍋的溫度不容易上升，在牛排表面變硬前，肉汁就已經流出來了。另外，牛排表面和中心部分的溫度不一致，肉容易半生不熟，即使表面熟了但中心部位卻依舊冰冷。

145 牛肉和豬肉在下鍋前撒鹽，雞肉則是在烹調前4～5分鐘撒鹽

肉類撒上鹽經過一段時間後水分就會流失，不僅肉會變硬，鮮味也不見了。牛排最好是等肉放到平底鍋上再撒鹽。相反地，雞肉最好在烹調前4～5分鐘撒鹽，擦乾表面的水分，這樣就可以抑制雞肉特有的腥味。

146 吃涮涮鍋時，可以將肉品一次全部下鍋

你是不是也以為「涮涮鍋的肉一片一片下鍋是基本常識」呢？如果肉已經切成適當的大小，就算一起下鍋也沒有問題。用筷子輕輕將肉弄散，就不會出現半生不熟的現象。

就算將肉一次下鍋，只要用筷子弄散，就可以均勻將肉燙熟。

147 東坡肉先用豆渣煮過再燉，滋味更清爽

想讓東坡肉吃起來更清爽，祕訣就在水煮。鍋內加水蓋過豬肉，再加入蔥、薑及豆渣水煮，如此豆渣便會吸附豬肉的脂肪。1公升的水大約搭配100克的豆渣。

148 硬梆梆的進口牛肉，只要浸泡白蘿蔔泥的汁液就會變軟

特價買回來硬梆梆的肉，只要浸泡在白蘿蔔泥的汁液約1小時就會變軟。白蘿蔔含有的蛋白質分解酵素，可以有效分解肉的纖維，讓肉變軟。製作炙燒生牛肉時不妨試試看。加熱後白蘿蔔的味道蒸發，幾乎吃不出來。

只要浸泡在白蘿蔔泥的汁液中約1小時，硬梆梆的肉就會變軟。

149 檸檬汁可以去除雞肉的腥味

只要在烹調雞肉前15分鐘淋上檸檬汁，就可以去除雞肉特有的腥味。另外，檸檬汁可以提高保水性，預防加熱時肉汁外流。

在雞肉上淋一點檸檬汁，就可以去腥且更多汁。

150 做炸丸子先在絞肉上撒鹽，丸子更多汁

加入其他材料之前先將絞肉與鹽混合，鹽會讓肉的蛋白質收縮，肉汁不易外流，做出來的炸丸子更多汁。相反地，燉肉丸則希望肉質保持軟嫩，這時的祕訣是先將絞肉充分揉捏後再加鹽。

151

加熱前先加調味料拌勻，絞肉很容易就會散開

加熱前先將絞肉與調味料混合，絞肉就有充足的水分，拌炒時很容易就會散開。如果拌炒前沒有加調味料，絞肉則會出油，調味料不易入味，且絞肉容易收縮而變硬，也容易結塊。

152

想要煮出軟嫩的肉塊，別忘了準備紅酒或紅茶

牛腿肉等紅肉的肉塊最適合用紅酒燉煮。紅酒中含有酒石酸和蘋果酸等有機酸會提高保水性，而蛋白質分解酵素的力量會讓肉質變軟。另外，如果是豬肉塊，則建議用紅茶燉煮，紅茶中所含的單寧會讓肉變軟。

燉煮 4 人份的肉需要大約 200 毫升的紅酒。燉煮豬肉的話，加入用茶包煮出來的紅茶，剛好蓋過豬肉即可。

153

豬肉片上塗美乃滋，做出來的冷涮肉更美味！

也許你會想怎麼可能，但只要在豬肉片上塗美乃滋，靜置15分鐘，燙熟後放冷，這樣的冷涮肉片不乾澀，軟嫩又美味，真是一舉三得。

154

在薄肉片上撒太白粉&油，拌炒時更容易散開

你是否也有這樣的經驗？用來拌炒的肉片堆疊在一起，調味後下鍋，肉片卻全部黏在一起。為了解決這樣的問題，肉片弄散調味後撒一點太白粉拌勻，最後再淋一點油。如此一來，拌炒時肉片較容易散開且肉汁不會外流，炒出來的肉更美味。

加入太白粉＋油，肉片很容易就會散開。

155

放太久而乾掉的火腿只要泡在牛奶裡就可以找回原有的風味

放太久的火腿，只要沒有變質就不用丟棄。火腿浸泡在牛奶中一段時間，就可以找回火腿的風味和軟嫩的口感。可以用來拌炒、燉煮或煮湯等，加熱後食用十分美味。

海鮮

156 用味噌醃魚不要將味噌洗掉，擦掉後再烤才是正確答案

烤用味噌醃過的魚時，如果用水沖掉味噌，會連魚的鮮味也一起洗掉。但魚沾裹了味噌又容易烤焦。為了烤出好看又好吃的魚，可以用橡皮刮刀將魚上面的味噌刮下後再用偏弱的中火烤。如果嫌麻煩，可以用廚房紙巾或紗布將魚包起來後再沾味噌，烹調更簡單。

為了不傷及魚肉，用橡皮刮刀輕輕將味噌刮下後再烤。

157 用白蘿蔔的切面摩擦魚鱗，就不會噴得到處都是

廚房裡有剩下的白蘿蔔段，可以用來刮魚鱗。將白蘿蔔段從魚尾向魚頭的方向摩擦，魚鱗就會刺進白蘿蔔中，輕輕剝落，不會噴得到處都是。收拾起來很方便，也不用擔心會傷到魚肉。

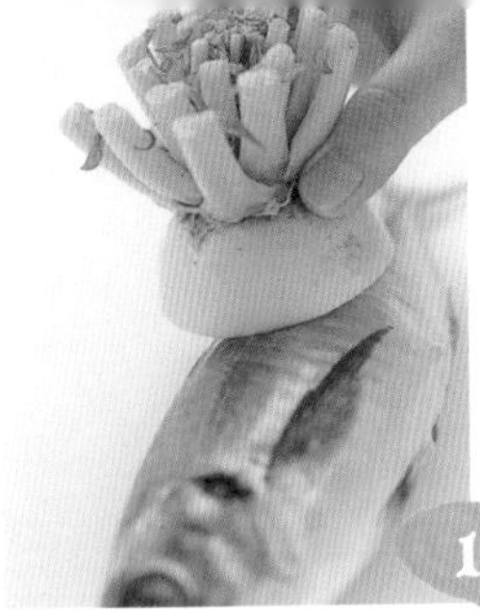

取白蘿蔔塊朝著與魚鱗相反的方向摩擦，魚鱗就不會噴得到處都是。

158 區別「生食用」和「加熱用」牡蠣的標準與鮮度無關

一般人都以為生食用的牡蠣比較新鮮，但其實差別僅在於殺菌的程度不同而已。生食用的牡蠣養殖在指定的海域，海水都經過殺菌處理。加熱用牡蠣則養殖在其他海域。生食用的牡蠣雖然也可以加熱食用，但一般而言，加熱用的牡蠣味道濃且鮮，因此如果要加熱，建議還是選擇加熱用牡蠣。

159 烹煮照燒鰤魚前先在魚皮上塗油，魚皮會更酥脆

照燒鰤魚是一道高人氣的海鮮佳餚，但許多人在料理時卻有中心部位不熟，或是皮不脆的煩惱。首先，從皮的中央部位下刀，畫上幾道刀痕，小心不要切斷，如此一來魚肉就會比較容易熟。至於讓魚皮酥脆的祕訣是油。用刷子或廚房紙巾在魚皮上塗一層油再烤，酥脆的魚皮在吃的時候還可以聽到咔滋聲呢。

160 蔥花生鮪魚的鮪魚加一點油更夠味

鮪魚的赤身脂肪少，吃起來較爽口。製作蔥花生鮪魚時，魚肉切碎加入少量的油拌勻，赤身吃起來也會有鮪魚肚的口感，風味絕佳。

161 炸魚天婦羅時在麵糊裡加一點紅茶，滋味完全不輸給大廚做的

就像做紅燒魚時會加薑來去除魚腥味，炸魚天婦羅時，紅茶也可以發揮同樣效果。用紅茶取代水加在蛋液中，再加入麵粉調成麵糊。紅茶建議用冷水來沖泡茶包。

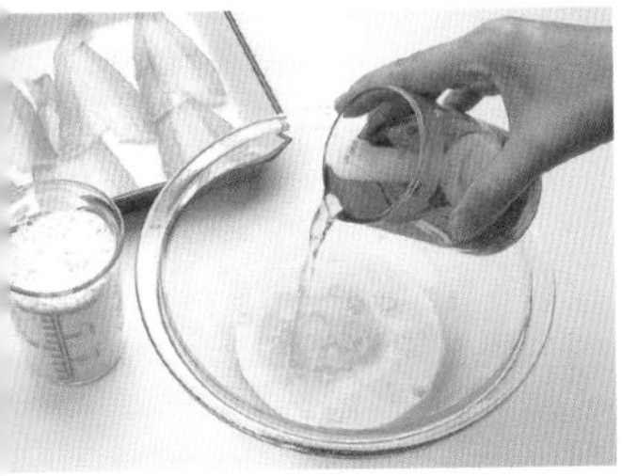

用紅茶取代水加進天婦羅的麵糊裡，就可以去除魚腥味，滋味也更棒！

162

購買整塊鮪魚生魚片時 記得留意魚筋

選購生魚片用的鮪魚塊時，判斷重點是從剖面看到的魚筋。如果魚筋與魚肉平行，且筋與筋之間維持等距，那麼這就是從鮪魚腹部取下的魚肉，入口即化。然而，如果魚筋間距不等，從上面看魚筋呈現半圓形，那麼很有可能是從魚尾或接近頭的部位取下的魚肉，吃起來口感不佳。

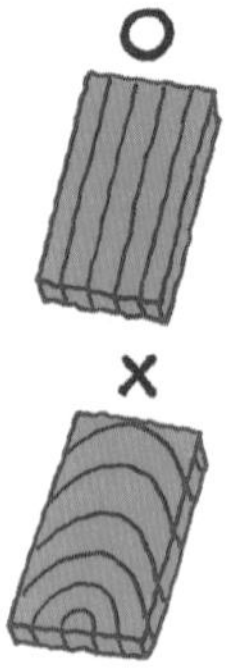

選擇魚筋均等且平行分布的鮪魚生魚片才OK。

163

洗牡蠣時撒一點太白粉，不僅去污，肉質也更有彈性

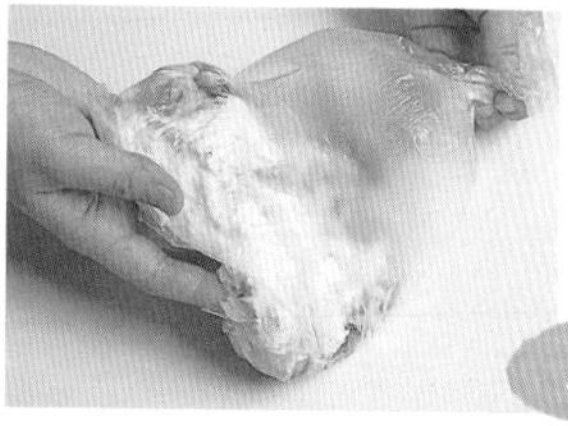
牡蠣裹上太白粉，太白粉就會吸附髒污。

去殼的牡蠣上面經常會殘留些許牡蠣殼或老廢物質等髒污。用白蘿蔔泥清洗不僅去污還可以去腥，但為了洗牡蠣還得磨白蘿蔔泥，老實說有點麻煩。其實只要撒一點太白粉，髒污會附著在太白粉上，之後只要泡在水裡輕輕沖洗即可。1包牡蠣大約需要1～2大匙太白粉。

164

用燒烤方式烤魚，記得將魚放在烤架的兩端

一般而言，燒烤爐的熱源不是來自中央而是集中在兩端。如果把魚放在中央或是斜放，可能會烤得不均勻。盡量避免將魚放在中央，放在兩端才是正確做法。另外，烤爐越裡面溫度越高，烤整條魚時將頭朝裡面，容易烤焦的尾巴朝外面，烤出來的魚才會恰到好處。

魚放在烤爐的熱源位置才是正確的做法。

165

平底鍋也可以煎整條魚

就算是平底鍋也可以煎整條魚。油鍋熱了以後讓魚緊貼平底鍋，用極小火慢煎。聽到滋滋聲響再將火轉大，等到表面酥脆再翻面，最後再用大火微煎即可。

166

紅燒魚不需要翻面

魚肉很容易散開，若想維持魚的形狀，煮的時候不要翻面。如果用筷子翻面，魚肉很容易就剝落了。紅燒魚一定要用大火煮，朝上那一面的魚肉才有辦法沾到醬汁。接下來只要用湯匙將醬汁反覆淋到魚上即可。還是會擔心的話，蓋上落蓋就萬無一失了。紅燒帶皮的魚塊時，魚皮朝上是不變的原則。

167

魚塊不可以用水洗，整條魚則OK！

用水清洗魚塊或是片成三片的魚，魚的鮮味會全部流失。且由於多了不必要的水分，魚肉吃起來水水的，口感不佳。如果覺得魚塊不乾淨，不要用水清洗，改用廚房紙巾擦拭即可。相反地，整條魚因有魚皮的保護，就算用水洗也沒有關係。表面的髒污和黏液是造成魚腥味的主因，因此建議用水或鹽水清洗，擦乾後再使用。

168 魚肉塗醋，網架塗油

你是否也有這樣的經驗呢？準備取下烤好的魚，卻發現魚皮黏在網架上，魚肉散得亂七八糟。為了預防這樣的狀況，可以用廚房紙巾沾醋塗在魚的表面，並用廚房紙巾沾油塗在網架上面。醋的成分可以讓魚皮的蛋白質收縮變硬，再配合塗了油的網架，雙層保護之下，烤魚時魚皮就不會黏住了。

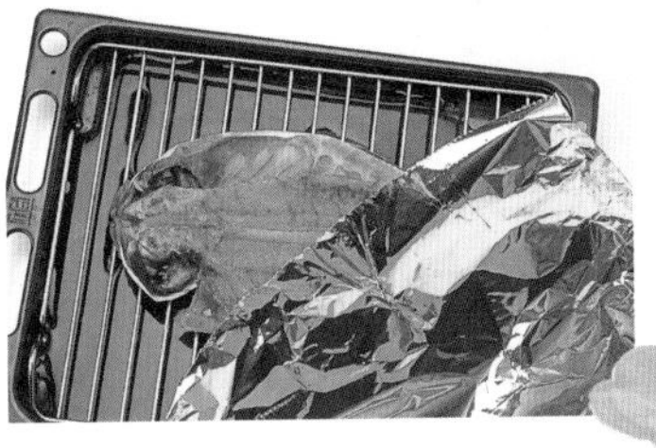

只要蓋上鋁箔紙蒸烤，容易乾澀的冷凍魚乾也 OK！

169 冷凍魚乾蓋上鋁箔紙再烤更多汁

魚乾如果要馬上吃，可以放進冰箱冷藏保存，但過一陣子才要吃，最好冷凍保存。然而，如果直接用烤網燒烤冷凍魚乾，吃起來的口感會乾乾澀澀的。這時建議在熱的烤網上塗一層油，魚乾放上去後蓋上鋁箔紙，以類似蒸烤的方式燒烤。中途翻面，在完成前2分鐘取下鋁箔紙，表面烤出焦痕，既香又多汁的魚乾就烤好了。

170 利用碳酸飲料，短時間就可以把章魚燉爛

章魚燉出來又硬又難咬，會很令人失望。然而，長時間燉煮無法維持章魚的形狀，看起來不好吃。這時派上用場的就是碳酸飲料。鍋中放入等量的水、酒、碳酸飲料，沸騰後加入章魚，煮10～20分鐘後調味。等到入味後關火，放涼就完成了。只要調整調味料的量，就算用可樂或汽水等有甜味的碳酸飲料也沒問題。

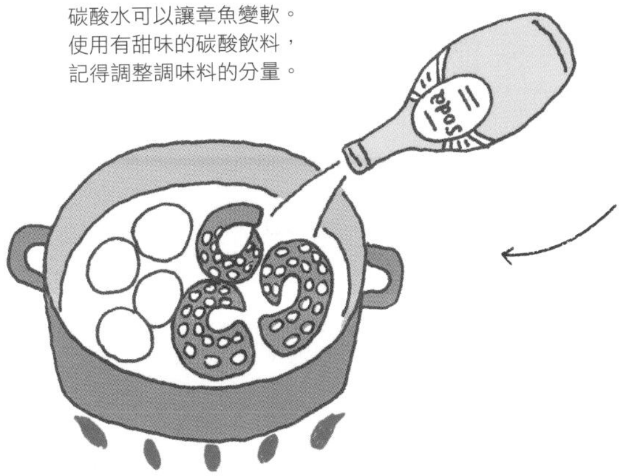

碳酸水可以讓章魚變軟。使用有甜味的碳酸飲料，記得調整調味料的分量。

171 在牛奶盒上處理魚

牛奶盒攤開洗淨，就成了拋棄式砧板。處理魚內臟時，砧板容易沾上魚腥味和血漬，清洗起來非常麻煩，但是用紙砧板，使用完即丟棄，十分方便。

用牛奶盒當作砧板，處理腥味重的魚。

172 用網袋搓揉，就可以輕鬆又乾淨地取下花枝皮

用裝秋葵等蔬菜的網狀袋子搓揉花枝表面，花枝皮與袋子產生摩擦，一下就可以把花枝皮剝乾淨。抓住尾端肉鰭部位往身體部位拉，身體上的皮就會稍微掀開。以此為起點，接下來只要用網袋搓揉即可。網袋使用完直接丟棄，十分方便。

蛋類

筷子緊貼碗底左右來回畫直線，就可以打出滑順的蛋液。

173

用筷子打蛋的祕訣！

希望呈現美麗蛋色的玉子燒，如果夾雜著白色，就代表蛋沒有打散。如果只是單純地轉動筷子，蛋是打不均勻的。兩根筷子稍微分開緊貼碗底，左右來回畫直線就可以均勻把蛋打散。用筷子以切的方式將蛋白打散是關鍵。另外，快速用力打也是另一個祕訣。

174

洗蛋會降低蛋的鮮度！

為了可以呼吸，蛋殼上有小孔。為了防止細菌入侵，蛋殼下則有一層薄膜。洗蛋在洗去髒污的同時也破壞了這一層薄膜，使得細菌有機可乘。而且內部的水分會從小孔流出，使得蛋的風味下降。如果覺得蛋殼很髒，可以用廚房紙巾擦拭，或是使用前再清洗。

175

蛋從冰箱取出回溫，煮出來的蛋更漂亮！

剛從冰箱拿出來的蛋當然是冰冰涼涼。如果直接放入沸騰的水裡，急速的溫度變化會讓蛋膨脹破裂。蛋從冰箱拿出放在室溫30分鐘，等到蛋回溫再煮，煮出來的蛋更漂亮。如果擔心蛋會破，可以滴幾滴醋預防。

176

半熟蛋用筷子敲碎更好剝

半熟蛋的中心很軟，如果用硬的東西敲打，可能會破壞中間的蛋黃或蛋白。半熟蛋起鍋後放入冷水降溫，拿在手上用筷子敲出細小裂痕，剝的時候就不會失敗。

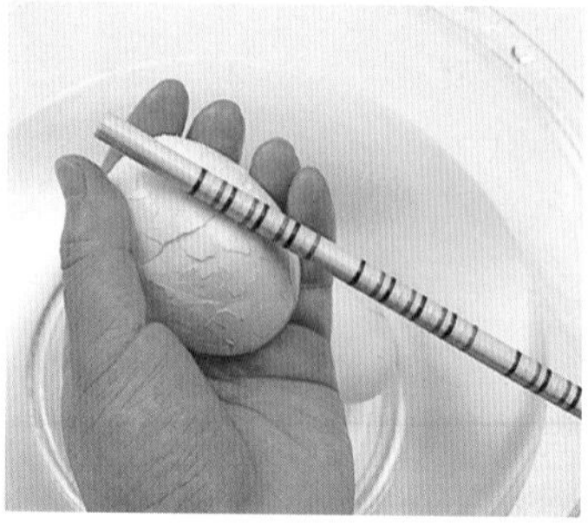

半熟蛋又軟又不容易剝，這時只要用筷子敲出細小裂痕就很好剝。

177

保存蛋時將尖端向下

圓的那一端有讓蛋呼吸的氣室，如果圓端朝下，蛋就無法呼吸，很容易就壞了。因此，市售的蛋都是尖端朝下。保存時請放進蛋盒裡保存。

蛋放入冰箱蛋架時，圓端朝上，尖端朝下。

178

炒蛋時記得加幾滴醋

蛋液調味後加幾滴醋倒入熱的平底鍋，用筷子迅速拌炒。醋的成分會促進蛋白質凝固，蛋很快就熟了。接下來只要拌勻，好吃的炒蛋就完成了。蛋液也不容易沾在平底鍋上，清洗起來非常方便。

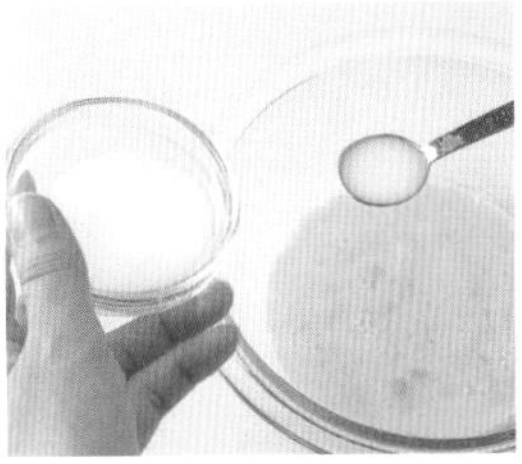

煎蛋皮時，在打散的蛋液中加入用水調勻的太白粉就不容易破。

179

煎蛋皮的時候加一點太白粉就不容易破

在打散的蛋液中加入用水調勻的太白粉拌勻，就可以煎出又薄又滑順的蛋皮。比例約是2顆蛋搭配1小匙用2倍水調出來的太白粉水。如果直接加入太白粉容易結塊。藉由加入用水調勻的太白粉，蛋皮會變得有彈性，不容易破皮。建議做蛋皮茶巾壽司時，可以試試這個小撇步。

隔水加熱的熱源較溫和，可以炒出滑溜濕潤的蛋。

180

隔水加熱炒出來的炒蛋更濕潤

炒蛋最大的特徵，就是那滑溜濕潤的口感。如果用平底鍋炒蛋，很多人都有蛋過熟或是不蓬鬆的困擾。希望炒出滑溜濕潤的蛋，最好的方式就是隔水加熱。準備一個比平底鍋大的鍋子，等水沸騰後放入平底鍋，倒入蛋液一邊攪拌一邊加熱。雖然手續有點麻煩，但因溫和加熱，可以炒出滑溜濕潤的蛋。

181

水煮蛋切碎時，記得將蛋白和蛋黃分開切

如果將水煮蛋放在砧板上切碎，蛋黃容易黏在砧板上，很難清洗。要用刀子切碎蛋白，蛋黃則放進其他容器用叉子壓碎，這才是上策。最後只要將切碎的蛋白放進裝有壓碎蛋黃的容器內拌勻即可。只要下一點功夫，就可以省去清潔砧板的麻煩。

182

2顆鵪鶉蛋可以代替「1/2顆量的蛋液」

製作漢堡排或炸物麵糊，經常可以看到食譜上寫著加入「1/2顆量的蛋液」。很多人為此打散一顆蛋，一邊想著是否有不浪費剩下半顆蛋的好辦法，最終卻還是無奈地丟棄。這時建議不妨利用鵪鶉蛋。2～3顆鵪鶉蛋的分量相當於1/2顆蛋。鵪鶉蛋的價格雖然比雞蛋略高，但不會浪費，營養價值又高，沒有理由不善加利用。

183

利用網杓過濾蛋液，就可以煮出美麗的蛋花湯。

用網杓就可以做出專業級的蛋花湯

想要做出專業級的滑嫩蛋花湯其實很簡單。向大家推薦的做法是將蛋液透過網杓倒入。由於網孔細緻，蛋液可以像細線一般流入鍋裡，煮出來的蛋花湯十分美麗。美味的祕訣在於高湯調味後加入用水調勻的太白粉，等湯有了一定的濃稠度再倒入蛋液。沒打散的蛋白或蛋殼的碎片則留在網杓上，很容易就可以去除。如果希望蛋花的線條較粗，可以使用漏杓。

豆腐・黃豆製品

想要將豆腐充分脫水，微波加熱最好。

184 微波爐可以迅速幫豆腐脫水

製作豆腐泥涼拌菜或炒豆腐等，如果需要將豆腐脫水，建議使用微波爐。豆腐（300克）放在耐熱器皿，包上保鮮膜後用微波爐（600W）加熱2～3分鐘，用乾淨的布包起來再用筷子壓出水分就可以了。煎豆腐時希望維持豆腐的形狀和水嫩口感，只要用廚房紙巾將豆腐包起來靜置15～20分鐘就OK了！

185 製作湯豆腐要從冷水開始煮

如果等高湯滾了才將豆腐放入，豆腐的中心部分可能會煮不熟，或是豆腐容易出現孔洞。為了預防這種事情發生，豆腐放進冷水裡再開火，慢慢加熱是重要關鍵。只要加少許的鹽，就算稍微煮過頭，豆腐也不會出現孔洞。

先將豆腐泡水再放進冰箱冷藏保存。

186 剩下的豆腐放入裝有水的保存容器冷藏保存

豆腐不泡水就會脫水，風味也會變差。讓整塊豆腐浸泡在水裡就很重要。因此保存時建議使用較深的容器，加水蓋過豆腐，蓋上蓋子冷藏保存。另外，記得每天換水。吸水可以讓豆腐維持軟嫩，大約可以保存3日，風味不減。

187 油豆腐皮切塊冷凍，使用時不需要再解凍

每次使用油豆腐皮前都要先去油，十分麻煩，而且去完油還得洗鍋子。買來之後只要一次將全部的油豆腐皮去油，放進冷凍保存，在煮味噌湯或炒菜時只要直接加入即可，方便又好用。

188 納豆充分攪拌再調味會更美味！

納豆美味的精華就在那黏稠的口感。將納豆充分攪拌直到牽絲為止，這樣可以增加鮮味成分的胺基酸，美味更上層樓。另外，納豆變黏稠之後，納豆菌的活動力倍增，真是有說不盡的好處。加入醬油等水分後再攪拌，不容易帶出納豆的黏稠感，因此，先將納豆攪拌至黏稠泛白後再調味才是正確做法。

越攪拌
納豆的胺基酸越多。
目標攪拌100下！

189

要用油豆腐皮包東西，可以先用筷子在油豆腐皮上滾動

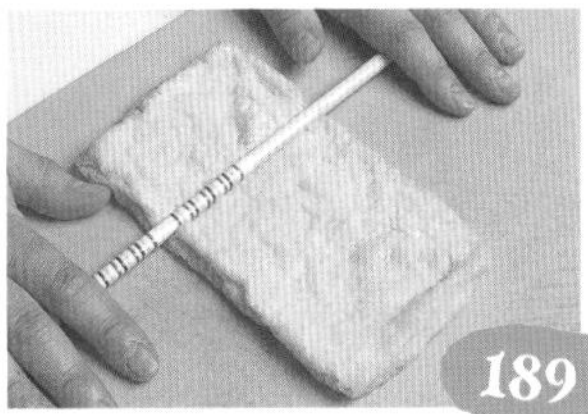

想要用油豆腐包餡料時，只要用濕筷子來回滾動就可以輕易地撐開。

製作豆皮壽司或豆皮鑲肉時，在對半切油豆腐皮前，用沾濕的筷子一邊按壓一邊前後滾動，這樣很容易就可以撐開油豆腐皮。

190

用微波爐幫油豆腐皮去油更方便

幫油豆腐去油基本上都是淋熱水或用水煮，瀝水籃或鍋子會因此變得油油的，清潔起來非常麻煩。其實只要善用微波爐，不必弄髒這些器具就可以去油。用廚房紙巾將油豆腐皮包起來浸水，取出後再以微波爐（600W）加熱約30秒。水擠乾（小心燙傷）再用廚房紙巾吸油就完成了。

用廚房紙巾包裹油豆腐皮沾水，再用微波爐加熱1分鐘即可。

191

如果不喜歡納豆的味道可以淋上熱水

對於納豆的喜好因人而異，若是擔心吃完納豆口中殘留味道，可以試試將納豆放在瀝水籃上淋熱水，水充分瀝乾後再吃。納豆風味不變，少了黏稠感，大家介意的特殊味道也會減輕。

192

煮麻婆豆腐時，用手將豆腐剝成小塊才是正確做法

如果希望豆腐入味而長時間加熱，反而會讓豆腐變硬不好吃。為了讓豆腐很快入味，最好的做法是不用刀子切豆腐，改用手將豆腐剝成小塊。凹凸不平的表面讓豆腐更容易入味。

用手將豆腐剝成小塊加到煮沸的麻婆醬汁中會更入味。

193

專欄

「絹豆腐」和「木棉豆腐」有何不同？

絹豆腐是將豆漿和鹽滷放入容器凝固所製成，含水量高，口感滑順，因此稱為「絹豆腐」。由於水分多，維生素B群等水溶性維生素的含量也高。木棉豆腐則是將以鹽滷凝固的豆腐用木棉等布包裹起來放進容器內，施加壓力擠出適量的水分所製成。營養濃縮，含有豐富的蛋白質和脂質，吃起來的口感飽滿，有濃濃的豆腐味。基本上可以依照個人喜好選擇喜歡的豆腐，但一般認為，絹豆腐適合做成冷豆腐，而木棉豆腐則比較適合用來拌炒。

蔬菜

194 浸泡溫水5分鐘就可以輕易剝去洋蔥的薄皮

洋蔥先對半切或切成4等份，就可以輕鬆剝去洋蔥的薄皮。但如果希望保留洋蔥完整的樣子，只要將洋蔥泡溫水5分鐘，皮吸飽水分而變軟，剝皮也就變得輕而易舉。尤其是要使用整顆小洋蔥，這個方法十分有效。

195 希望快速炒出焦糖色的洋蔥，可以先微波加熱

炒成焦糖色的洋蔥是決定燉肉或咖哩風味的基礎。為了炒出洋蔥的甜味，必須持續拌炒20分鐘以上，其實非常累人。趕時間的話，可以將切成薄片的洋蔥放入耐熱器皿，包上保鮮膜用微波爐加熱，等到洋蔥呈現透明狀再用平底鍋拌炒。如此一來，很快就可以將洋蔥炒成焦糖色。不包保鮮膜，加一點油拌勻後微波加熱至焦糖色也是另一種方式。

只要將洋蔥泡溫水就可以輕易剝去洋蔥的薄皮。

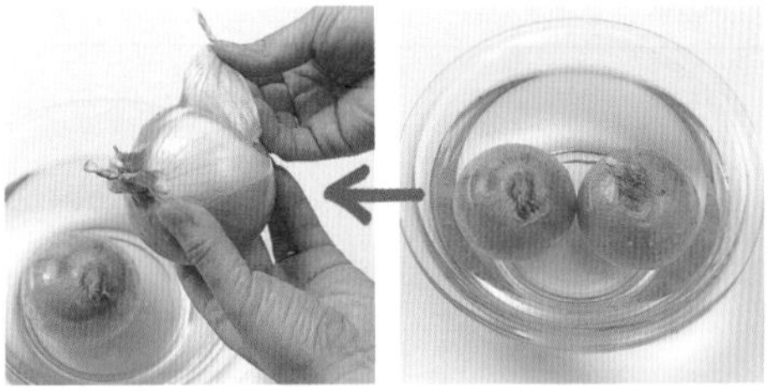

196 烹調前先將青菜泡水，炒出來的菜更清脆

烹調菠菜和小松菜等綠色蔬菜，切下根部泡水，讓青菜吸飽水分，炒出來的菜更清脆。道理與為了保持花朵新鮮而採取的水切法相同。而且，藏在根莖部的髒污，泡水後也比較容易洗乾淨。

197 「蓋」或「不蓋」蓋子，決定了蓮藕的口感

根據烹調方式不同，蓮藕的口感也完全不同。就算是切成同樣大小的蓮藕，煮的時候不蓋蓋子，煮出來的蓮藕口感清脆，但如果蓋上蓋子，煮出來的口感則十分綿密。

198 茼蒿的粗莖先用刀背拍打再烹調

茼蒿的粗莖很硬，很多人都只摘取葉子食用。但其實只要用刀背拍打，粗莖就會變軟，跟葉子一樣好吃。水煮後泡高湯或是拿來煮火鍋都十分美味，而且不浪費。

199 只要用鋁箔紙輕刷就可以把牛蒡的皮連同髒污一起去除

牛蒡皮風味十足，用刀子削去非常可惜。但如果用刷子刷，刷子上沾滿泥巴，清潔起來又很麻煩。這時就是使用過的鋁箔紙派上用場的大好時機。將鋁箔紙揉成一團，來回在牛蒡的表面輕刷，髒污和牛蒡皮便可以一併去除。

用鋁箔紙刷洗牛蒡，去除髒污和牛蒡皮一次搞定。

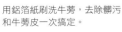

200 蘆筍從根部開始川燙，1分鐘內起鍋最是美味

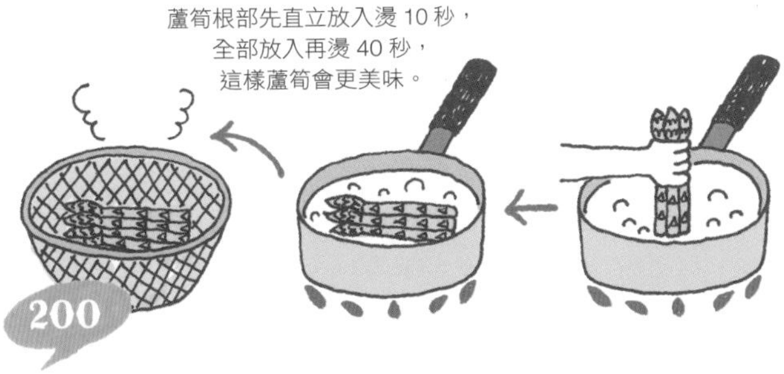

蘆筍根部先直立放入燙 10 秒，
全部放入再燙 40 秒，
這樣蘆筍會更美味。

蘆筍的根部纖維很硬，吃起來很老。如果想要把蘆筍煮得美味，祕訣就是切除1公分左右乾燥的根部，將整把蘆筍直立放入加了鹽的熱水裡，川燙10秒鐘。接下來將所有蘆筍放入鍋中燙40秒後立刻起鍋，利用餘熱讓蘆筍的中心熟透。在熱水裡加一點油，會讓蘆筍看起來光亮好看。

201 花椰菜最好放到低溫冷藏室保存

如果將花椰菜放在室溫下，很快就不新鮮了，甜味和營養也減半。這是因為花蕾的部分在收成後依然會為了開花而努力吸收養分。就算放到冰箱的蔬果保鮮室內，花蕾依舊不放棄，繼續為開花而努力。因此最好將花椰菜放進溫度設定為零度的低溫冷藏室保存，阻止花蕾的生長。由於並非冷凍保存，隨時都可以拿出來使用。

202 連玉米鬚一起水煮更美味！

水煮玉米時留下最後一層薄皮和玉米鬚一起煮。玉米鬚含有許多色素，煮出來的玉米顏色呈現鮮豔的金黃色。另外，由於有薄皮保護，玉米的鮮味不外流，甜度也高。

203 水水的南瓜用日本煎茶煮過後甜度倍增

水水沒什麼味道的南瓜可以試著用煎茶取代水煮，可以帶出南瓜的甜味，口感也更綿密。煎茶如果太濃會讓南瓜變苦，因此只要用茶渣加一點熱水就夠了。

用茶渣泡的煎茶可以挽救無味的南瓜。

204 硬梆梆的南瓜先微波加熱再切更輕鬆

南瓜微波加熱再切更輕鬆。南瓜洗乾淨放入塑膠袋，微波（600W）時間大約是每100克加熱1分鐘。這樣刀子輕輕鬆鬆就可以切開南瓜。經過加熱，也可以節省之後烹調的時間，堪稱一舉兩得。如果希望加熱到可以直接食用的軟硬程度，每100克大約需要加熱2分鐘。

先微波加熱，再硬的南瓜也可以輕鬆切開。

205 用平底鍋蒸煮豆芽菜就不會過熟

用平底鍋蒸煮豆芽菜就不用擔心煮過頭，風味和營養也很棒。

用一大鍋熱水煮豆芽菜，會讓快熟的豆芽菜一下子就煮過頭，營養成分也會流失。建議可以用平底鍋蒸煮。洗淨的豆芽菜放入平底鍋，蓋上鍋蓋開大火。等到冒出水蒸氣後關火，攪拌均勻即可。餘熱會讓豆芽菜繼續加熱，因此記得起鍋後立刻用瀝水籃濾乾水分。

206 醋可以消除豆芽菜特有的澀味

一袋只要幾十塊錢，比起其他蔬菜便宜許多，供給穩定且營養滿分，豆芽菜的好處真是數也數不完。雖然希望每天都可以吃豆芽菜，但實在不喜歡豆芽菜的澀味。如果你也有這樣的煩惱，這裡有個好辦法。水煮或炒豆芽菜的時候加入少許的醋，就可以消除豆芽菜特有的澀味。另外，有時間的話可摘除根鬚，豆芽菜特殊的味道就會消失，美味程度讓人難以置信。高雅的味道讓人不敢相信是同一種豆芽菜炒出來的，你也一定要試試看。

207 連同網袋一起加鹽搓揉，就可以輕鬆去除秋葵表面的細毛

秋葵的表面如果殘留細毛會影響口感。連同網袋一起用水洗，撒上鹽用雙手搓揉，就可以輕鬆去除秋葵的細毛。拿出來後直接水煮，顏色更鮮豔。這個方法不弄髒砧板，操作起來也很方便。

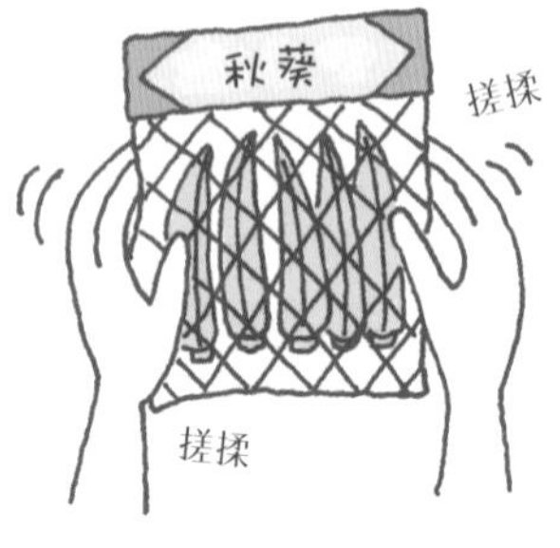

撒上鹽用網袋搓揉就可以去除秋葵表面的細毛。

208 比起水煮，用蒸的更可帶出蠶豆的甜味

從豆莢取出蠶豆，剝下外層硬硬的表皮，放入冒蒸氣的蒸籠裡蒸4～5分鐘是最好的烹調方式。蒸出來的蠶豆，美味程度完全不是水煮蠶豆可以比擬。不僅帶出蠶豆的甜味，香氣和色澤也很迷人。

209 用少量的水蒸煮毛豆更香甜

毛豆的商品包裝上大都寫著「用大量的水煮」，但其實用厚一點的鍋子將整包毛豆放入，撒1大匙鹽，注入２００毫升水，蓋上蓋子開大火煮5分鐘，加熱後放到篩網上冷卻，就可以煮出偏硬的美味毛豆。

210 微波加熱就可以輕鬆剝去銀杏皮

信封裡放入10粒銀杏，折三折後封口面朝下，微波（５００Ｗ）加熱40～50秒。聽到噼哩啪啦的聲響，就代表好了。取出後會發現殼已經爆裂，很輕鬆就可以取出銀杏果。如果害怕噼哩啪啦的聲響，只要事先用鉗子在銀杏上夾幾道裂痕就可以了。

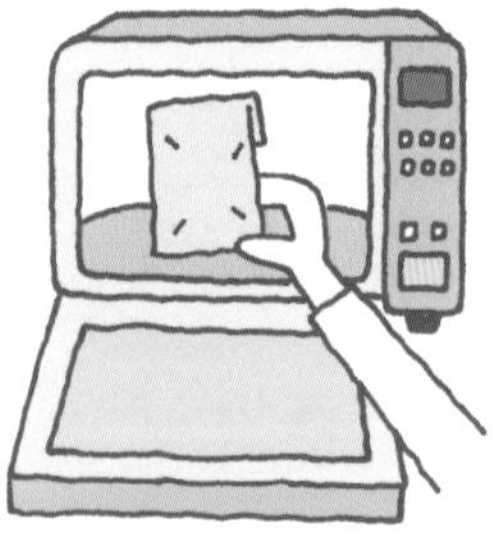

微波加熱約 1 分鐘即可輕鬆剝去銀杏殼。

211

用來燉或煮湯的番茄直接放入湯裡再去皮

在燉煮料理中加入番茄，為了讓口感吃起來更滑順，都會幫番茄去皮。在燉煮蔬菜或肉的鍋子裡放入整顆清洗乾淨的番茄。等到表皮破裂後用網杓撈起，剝去番茄皮，就不用為了幫番茄去皮而另外燒水。

煮番茄湯時，番茄放入湯裡再剝皮，可以省下煮水剝皮的麻煩手續。

212

太酸的番茄只要放在常溫下就會變甜

採買大量番茄回來後吃一顆看看，如果覺得不夠甜，可以將剩下的番茄放進竹籃，放在日照充足的窗邊約2日。日照可以降低番茄的酸味，吃起來感覺比較甜。盒裝番茄也要記得拿出來，放在透氣的容器裡。然而，如果放置的時間過長，番茄容易過熟而開始腐壞，請特別注意。番茄屬於夏天的蔬菜，因此不喜歡低溫。如果是加入生菜沙拉中，就要是冰涼的番茄，建議在食用前2小時再把番茄放進冰箱即可。

213

茄子如果不油炸，切開後記得泡水

茄子的切口一旦與空氣接觸就會氧化變色。直接烹調會吃起來澀澀的，因此切開後立刻泡水是處理茄子的基本常識。茄子會浮在水面，確保茄子表面也可以接觸到水分。然而，如果切開後立刻拌炒或油炸，則沒有必要。

用水煮的茄子切開後先泡水去除澀味是基本常識。

214

煮茄子加入蝦殼，顏色更鮮豔

煮茄子加入蝦殼，茄子皮的顏色更鮮豔。5～6根茄子大約可以加入5～6個蝦殼。茄子與帶殼的蝦米一起煮，也可以達到同樣的效果。

215

表皮焦黑起皺就代表茄子烤好了

判斷茄子究竟烤熟了沒，其實非常困難。表皮焦黑起皺可以當作判斷的基準之一。就算如此，如果還是擔心茄子沒烤熟，可以用筷子按壓茄子最粗的部位，確認有沒有硬塊。如果有硬塊，茄子皮不好剝，中心部位沒熟，也無法帶出烤茄子特殊的甜味。順道一提，燒烤前用刀子在茄子蒂頭四周與茄子中央部位劃上幾道，讓蒸氣有出口，這樣茄子就不會破裂，皮也比較好剝，十分方便。

判斷烤茄子是否烤熟可以用筷子按壓，只要下陷就代表 OK。

216

處理山藥前先在手上抹鹽或醋

幫山藥剝皮、切塊或磨泥前先在手上抹鹽或醋，可以預防手發癢。另外，如果覺得手發癢，可以將手泡醋，或是用麵粉搓手再用清水沖洗，就不會癢了。

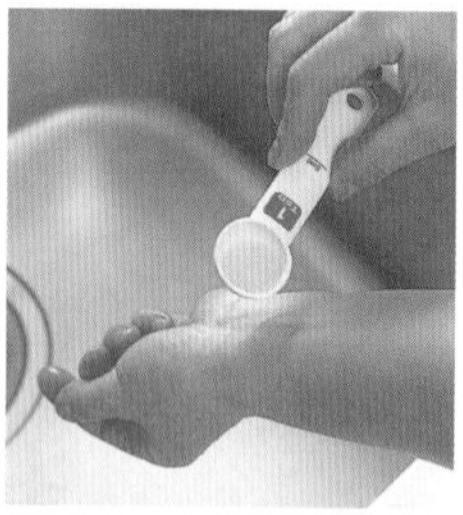

如果手因為摸到山藥而發癢，只要淋一點醋在手上就可以止癢。

217

用湯匙可以輕鬆刮去凹凸不平的山藥皮

用刀削山藥皮，滑溜溜的山藥一沒拿穩就很危險。利用湯匙刮，可以連凹陷部位的皮都刮得乾乾淨淨。手持部位的山藥皮最後再削，就不必擔心會滑。

218

番薯泡水，煮的時候就不用擔心會變形

煮番薯時如果希望維持番薯的形狀，切塊後浸泡淡鹽水約30分鐘再煮，就不必擔心番薯變形，口感也更綿密。同時還可以去除番薯的澀味，帶出甜味，讓番薯更好吃。

219

蒸番薯時，先用濕報紙包起來再微波加熱

想利用微波加熱取代蒸番薯，只以保鮮膜包住，番薯會乾乾的不好吃。用濕透的報紙將番薯包起來，再用保鮮膜包裹好加熱，等到稍微冷卻再食用，會發現番薯濕軟滑潤，非常可口。中等大小的番薯加熱時間約為10分鐘。

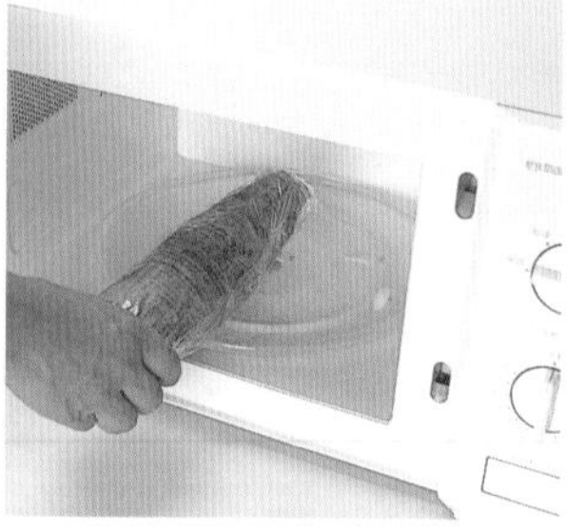

用濕透的報紙＋保鮮膜包裹番薯微波加熱即可。

220

不甜的番薯可以試試日曬

好不容易買了一堆番薯，卻發現買回來的番薯不夠甜，這時可以在陽台鋪上報紙，將番薯放在陽光下2～3日。煮的時候從冷水開始煮，慢慢提升溫度，可以讓番薯更甜。

221

馬鈴薯和蘋果一起保存就不容易發芽

馬鈴薯和蘋果一起常溫保存，蘋果釋放的乙烯氣體可以延遲馬鈴薯發芽的時間。馬鈴薯放進竹籃等透氣的容器，中間放一顆蘋果，如此馬鈴薯便不容易發芽，可以保存將近1個月。

馬鈴薯和蘋果放在一起保存可以延遲馬鈴薯發芽，鮮度更持久。

222

剩下的馬鈴薯沙拉隔天可以做成焗烤義大利麵

剩下的馬鈴薯沙拉放進冰箱保存，隔天用來做焗烤義大利麵，美味程度讓人感覺不出這是剩菜。美味的祕密就在於馬鈴薯泥冰過之後澱粉質會變得濃稠，最適合做焗烤義大利麵。馬鈴薯沙拉加白醬攪拌均勻，淋在義大利麵上用小烤箱烘烤就完成了。

223 磨白蘿蔔泥的方向決定了風味

白蘿蔔泥的味道會因磨的方向不同而改變。切口垂直擺放，慢慢地前後移動最能磨出風味十足的白蘿蔔泥。另外，畫圓的磨法會讓白蘿蔔容易出水，降低風味和辛辣味。

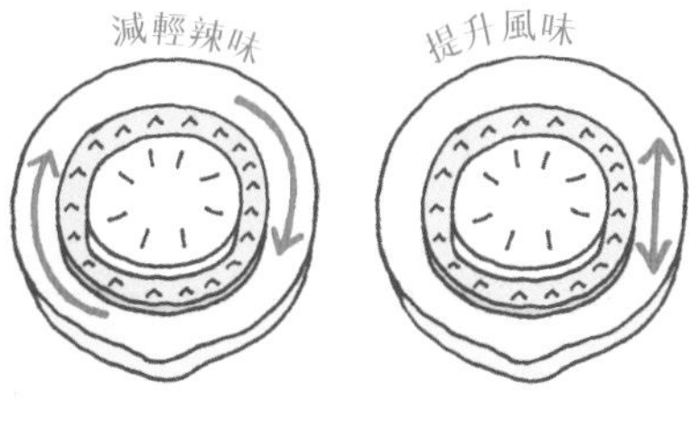
減輕辣味
提升風味

磨白蘿蔔泥時，若要提升風味可以來回畫直線。希望減輕辣味時則畫圓。

224 用來燉煮的白蘿蔔要削去厚皮

白蘿蔔皮內側2～3公厘的部分有很硬的筋，切成薄片拌炒或醃漬時吃不太出來，但關東煮等將白蘿蔔切成3～4公分厚片熬煮的料理，則一定要先將白蘿蔔皮連同內側帶筋的部位一起削除。如此一來，白蘿蔔容易入味，吃起來的口感也比較好。削下來的皮不要丟掉，切成細絲後拌炒也很美味。

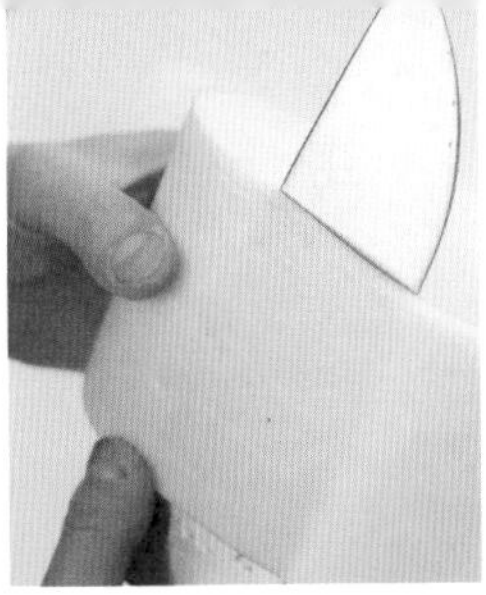

削去白蘿蔔的厚皮燉煮更入味，口感一級棒！

225 生吃紅蘿蔔時加一點檸檬汁，促進維生素C的吸收

紅蘿蔔含有抗壞血酸氧化酶，是破壞維生素C的殺手。生吃、做成沙拉或打果汁的時候，加一點檸檬等柑橘類果汁可以有效抑制抗壞血酸氧化酶的活動力，促進營養吸收。除了做沙拉之外，打果汁時只要加入數滴油，就可以大幅提升β-胡蘿蔔素的吸收。另外，由於抗壞血酸氧化酶怕熱和發酵，因此加熱或醃漬時就算不加檸檬汁也沒有問題。

只要加一點檸檬汁……
就OK啦

226 幫蔬菜脫水只要用布包起來用力甩即可

高麗菜等蔬菜的水如果沒有脫乾，料理的風味就會銳減。僅僅將蔬菜放在洗菜籃裡滴水是不夠的。這時可以用一塊厚布將蔬菜包起來用力甩，既確實又簡單。

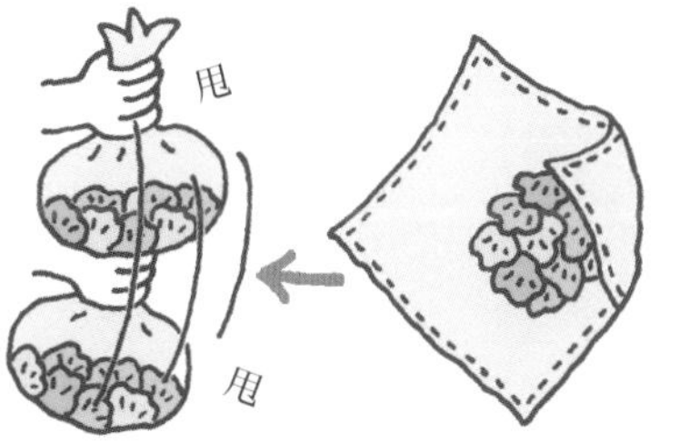
甩
甩

蔬菜用布包起來，抓住布的四個角用力甩動就可以幫蔬菜脫水。

227 萵苣連同洗菜籃一起裝進塑膠袋放入低溫冷藏室

洗淨的萵苣用手撕成小片，脫水後連同洗菜籃一起裝進大型塑膠袋，灌入充分的空氣後封口，放進低溫冷藏室。雖然有一點占空間，但15～20分鐘後就會發現萵苣變得又脆又新鮮。

228

用撕的就可以去除芹菜的粗纖維

去除芹菜的粗纖維不用削去一大層皮，只要將芹菜莖的底部折斷，從斷面就可以看到粗纖維，再用菜刀將纖維挑起，慢慢向下撕拉即可。

229

多餘的芹菜葉可以乾燥保存

如果剩下許多芹菜葉，切碎後攤開，放在通風的場所曬乾。夏天只需要1～2天就可以曬成脆片，用手搓揉成粉，裝進放有乾燥劑的瓶子保存，要用時就很方便。在湯品上撒一點，或是用來增添沙拉的風味，又或是加進肉醬裡等，在許多場合都可以派上用場。

芹菜葉曬乾可以當作乾燥香草使用。

230

泡馬鈴薯的水可以讓軟爛的芹菜恢復活力

有一個好方法可以讓放冰箱太久而軟爛的芹菜大復活。首先將馬鈴薯去皮切成適當的大小泡水。撈起來的馬鈴薯可以用來煮味噌湯或燉煮，製作成各種不同的料理。這裡的重點是泡馬鈴薯的水。將芹菜插入馬鈴薯水中，一段時間就會發現芹菜恢復活力，可以用來製作沙拉或煮湯。

231

用來做高麗菜捲的高麗菜去芯後注入熱水更好剝

想要剝下一片片完整的高麗菜葉其實不太簡單。尤其是在冬天，高麗菜收縮變硬，剝的時候勢必會弄破。想要剝下一片片完整的高麗菜葉，可以將整顆高麗菜放進鍋子或耐熱容器中，用刀子取出高麗菜芯並注入熱水。包上保鮮膜或蓋上鍋蓋大約悶10分鐘。再來只要將水瀝乾，就可以輕鬆剝下高麗菜葉。

232

濕紙巾＋空瓶可以大幅延長青紫蘇的保存時間

如果因特價或家庭菜園收成了大量的青紫蘇，可以在空瓶內鋪一張濕透的廚房紙巾，將青紫蘇的莖部朝下，直立放入冷藏保存。莖部會吸取水分，大約可以保鮮1～2週。放入瓶裡前先剪去1～2公厘莖部，效果更好。

青紫蘇放入鋪有濕紙巾的空瓶內，可以延長鮮度。

233

不要摸到青紫蘇葉的背面，直接用剪刀剪香氣更濃

青紫蘇的香氣多半來自葉子的背面，因此不要碰到紫蘇葉的背面，手持莖部用剪刀剪，是讓香氣更濃的祕訣。然而，由於香氣會揮發，最好在吃之前再剪。

放在鋁箔杯上磨，
薑的纖維就不會卡在
研磨器上。

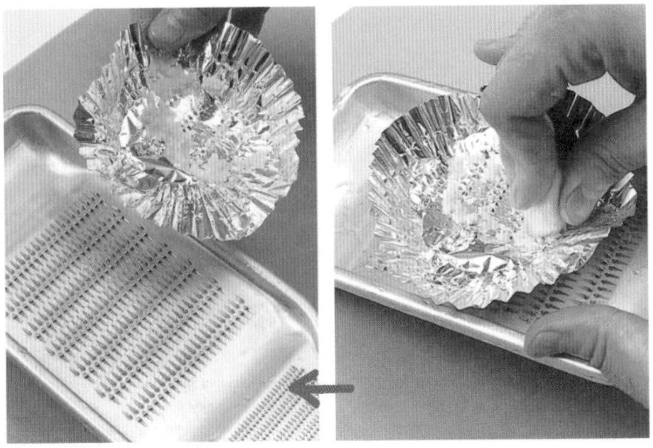

234

磨薑泥時將薑放在鋁箔杯上，就可以省下清洗的麻煩

磨薑泥的時候，薑的纖維容易卡在研磨器上，清洗起來十分麻煩。這時不妨試試將裝便當會用到的小鋁箔杯放在研磨器上，隔著鋁箔杯磨薑泥。最後只要取下鋁箔杯，研磨器依舊乾乾淨淨，磨出來的薑泥也同樣細緻。希望擠出薑汁時只要連同鋁箔杯一起擠就可以了。

235

加熱料理使用的薑不削皮更香

薑的香味成分稱作桉油醇，除了具有增進食欲的效果之外，中醫認為薑也有健胃、解毒、消炎的功效。薑皮含有大量桉油醇，因此最好的烹調方式是連皮使用。尤其是要增添湯品風味或炒菜時，記得連皮一起使用。然而，如果是當作冷豆腐或麵線的佐料生吃時，如果不喜歡薑皮的口感，不要用刀削皮，改用湯匙刮去表皮才是正確做法。

236

想切碎巴西利，只要冷凍後用手搓揉即可

巴西利既不是料理的主角，使用時卻得費工夫切碎。因此雖然食譜上寫著要加巴西利，但大多數人都會省略。其實只要摘除巴西利硬的莖部，將水分擦拭乾淨，放進保存袋冷凍，之後再連袋子一起放在砧板上，用擀麵棍或木杵敲打即可完成切碎的工作。用手搓揉袋子也OK。取出需要的量，剩下的放回冷凍庫保存。

237

巴西利經過快炒後苦味消失，變得更美味

巴西利的苦味是因為細胞全部擠在一起所致。巴西利放進熱油鍋，蓋上鍋蓋，只需30秒巴西利就會變甜，可以吃到與以往的巴西利完全不同的風味。

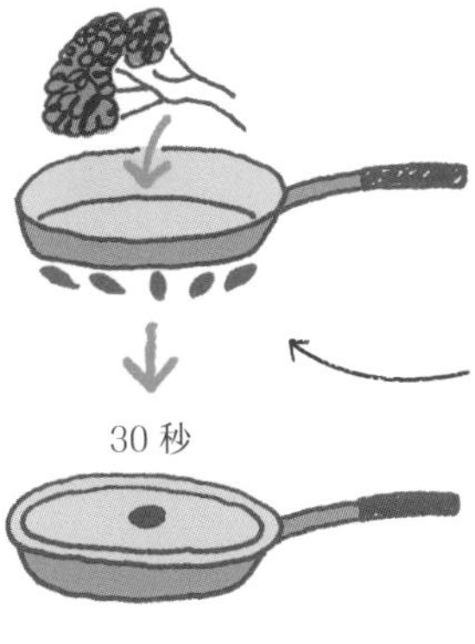

238

佐生魚片的白蘿蔔絲可以醃製成泡菜

很多人都會把佐生魚片的白蘿蔔絲丟掉。只要想到全國各地每天有多少白蘿蔔絲被倒進垃圾桶，就會感到心疼。去除沾染魚血的部分，將乾淨的白蘿蔔絲與市售的泡菜醃醬拌勻。醃好的泡菜可以用青紫蘇或芝麻葉包起來享用，或是拌納豆也很美味。

水果

239 香蕉掛起來保存比較不容易壞，吃起來也更美味

香蕉隨便擺放，很容易就發黑了。希望延長香蕉的保存時間，可以將香蕉掛起來，就好像掛在樹上一樣。如圖所示，可以善用鐵衣架來吊掛。掛在櫥櫃的S型掛勾上或吊起來都可以。然而要是掛太久，根部容易受傷使得香蕉掉落，要特別注意。

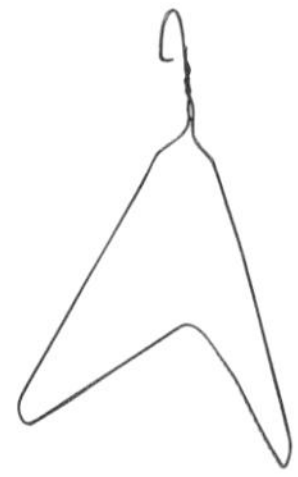

鐵衣架兩端向前彎曲90度，掛勾部分輕輕往前折，簡易版香蕉掛勾就完成了。

240 用手搓揉，酸橘子也會變甜！

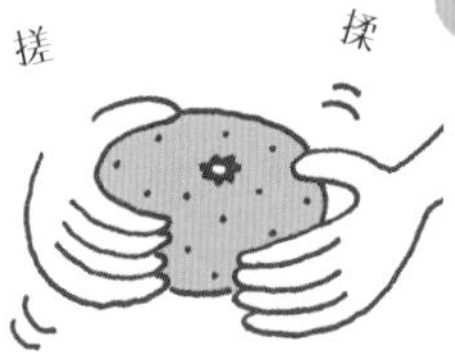

硬的橘子通常都比較酸。這時只要用手搓揉放置一個晚上就會變甜，這真是讓人大吃一驚的撇步！受到搓揉刺激的橘子會分解酸，使得酸味降低，吃起來就會感覺比較甜。然而，經過搓揉的橘子容易壞，最好在1～2天內吃完。

241 橘子上的白色纖維可以改善便祕

橘子的白色纖維含有大量果膠，是一種可以改善便祕、降低膽固醇的食物纖維。拿掉白色纖維吃的橘子口感雖然比較好，但為了身體健康著想，吃橘子建議連白色纖維一起吃。

242 西瓜皮可以煮湯，西瓜子可以泡茶

吃完西瓜剩下的大量西瓜皮其實非常好用，丟掉太可惜了！可以像冬瓜一樣煮湯喝。切除深綠色西瓜皮，剩下的部分切成小塊放進煮滾的雞湯中煮，等到變軟就完成了。如果與干貝一起熬煮，就是一碗豪華的中式湯品。西瓜子充分乾燥後用平底鍋拌炒，放進杯子注入熱水，加一點蜂蜜就是一杯美味的飲品。這種飲品可以減緩情緒暴躁，中醫也經常使用。

243 鳳梨倒放一晚，甜度更平均

鳳梨的底部比較甜，因此只要將有葉子的頂部朝下放置，甜味就會均勻分布整個鳳梨，不論切哪個部位都很美味。只需倒放一晚即可。

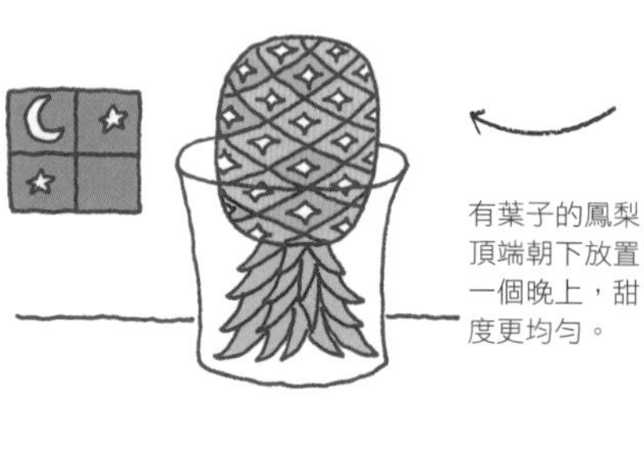

有葉子的鳳梨頂端朝下放置一個晚上，甜度更均勻。

244 草莓不要泡水，吃之前再洗是不變的鐵則

草莓的維生素C十分嬌貴，水洗會讓草莓的維生素C流失。因此建議在吃之前連同蒂頭一起放進流水中沖洗即可。另外，輕輕捏一捏，如果覺得草莓還不夠甜，可以用鹽水快速沖洗，吃起來就會比較甜。

245

沿著柿子「底部」的十字痕切，就可以避開籽

切柿子經常會切到籽。輕輕劃開柿子「底部」的外皮可以看到十字線，刀子沿著線切，就可以避開種籽了。

246

過硬的柿乾只要泡糖水就會回軟

如果柿乾過乾變硬，可以用200毫升的水加1小匙的砂糖調成糖水，將柿乾放入浸泡3～4小時，就可以找回柿乾軟嫩的口感。另外，柿乾連同糖水一起放入鍋中，加入肉桂和薑熬煮，就可以做出韓國的傳統飲品「水正果」。

247

用鹽搓揉可以去除柑橘類表皮的澀感

用手觸摸檸檬或橘子等柑橘類表面，如果覺得澀澀的，可以撒一點鹽用手搓揉，最後再用水沖乾淨即可。用鹽搓過香氣更濃，可說是一舉兩得。

柑橘類的澀感來自蠟。
用鹽搓揉即可消除。

248

不好剝的夏季蜜柑，可以試試看先泡熱水

用手剝夏季蜜柑，皮很容易就斷了，或是果實很容易就破了。這時如果有時間，可以將夏季蜜柑浸泡在滿滿的熱水裡數分鐘，之後再放進冰箱冷卻。如此一來，不僅是皮，就連白色纖維部分也很好剝。這個方法也適用於一般的蜜柑。

249

讓又硬又酸的奇異果快熟的撇步

你是否也有同樣的經驗？買了許多特價奇異果，不管放多久也不會變軟。這時只要將奇異果和蘋果或香蕉放進同一個塑膠袋並綁緊袋口綁緊即可。受到乙烯氣體的影響，奇異果很快就熟了。奇異果一旦熟了，記得取出蘋果或香蕉。

專欄 250

挑選與保存水果的方法

香蕉

整體顏色越黃越鮮豔的香蕉越甜。等到表面出現黑色斑點（sugar spot）就是享用的時機。香蕉放進冰箱容易發黑，因此記得放常溫保存。

哈密瓜

表面的網狀紋路分布均勻，就是優質的哈密瓜。放在常溫下，等到飄出哈密瓜香就可以享用。冷卻過度會讓哈密瓜吃起來比較不甜，因此吃之前2小時再放進冰箱即可。

西瓜

切開的西瓜要選色彩鮮豔且沒有空洞。西瓜子越圓越黑，表示西瓜越熟越甜。如果只吃半個，吃之前一個半小時前放進冰箱即可。

橘子

形狀略顯扁平，表皮上有許多清晰的小顆粒，這樣的橘子最好。如果放在箱子裡保存，記得放在涼爽的地方，從箱底依序取出食用。

乾貨

251 迅速泡軟乾香菇的兩個方法

乾香菇泡水，需要半天以上的時間才會變軟，但熱水又會讓乾香菇的風味消失。而不損害香菇的風味，又可以節省時間的方法有以下2個：

浸泡在加了砂糖的溫水裡

第1個方法是在溫水裡加一撮砂糖。香菇的香氣和鮮味不變，卻可以大幅縮短所需要的時間。如果僅是溫水，香菇容易吸取過多水分而變得爛爛的，但加砂糖提高滲透壓，可以預防香菇吸取過多不必要的水分，讓香菇更飽滿。

利用微波爐

第2個方法是將香菇放進耐熱容器中加入剛好能淹蓋香菇的水和一撮砂糖，包上保鮮膜，保鮮膜要與水面接觸。放入微波加熱，如果是2朵香菇，大約加熱3分鐘，取出悶至降溫即可。

252 蘿蔔乾泡太久就不好吃了

蘿蔔乾泡水後如果是要燉煮，泡水時只要一邊換水一邊搓洗，最後放到瀝網上讓蘿蔔乾吸一下水就可以用了。如果泡太久，會損害蘿蔔乾特有的甜味，吃起來口感也不好。如果是用來做沙拉或涼拌菜，則依照包裝袋建議的泡水時間。

一邊換水一邊搓揉，最後放在瀝水籃上讓蘿蔔乾吸水。

253 放置一段時間的乾香菇可以微波再乾燥

雖然是乾貨，但不代表味道一直不會變。如果放置了很長一段時間，可以用微波爐再次乾燥，這樣還可以殺菌。香菇放在鋪有廚房紙巾的耐熱器皿上，不需要包保鮮膜直接加熱，等到完全冷卻再放入密閉容器內。加熱時間大約是3朵香菇微波2分鐘。

254 梅雨季節前讓乾貨接受日曬

乾貨是可以常溫保存的方便食材，但進入梅雨季節後容易發霉，需要特別注意。可能的話，請在進入梅雨季節前選一個晴天，將乾貨放在報紙上，日曬大約半天的時間。如此一來濕氣就會蒸發，比較不容易發霉。

255 冬粉根據烹調法不同有不同的泡水方式

如果是用來拌炒或煮湯，冬粉在烹調過程中會吸取醬汁或湯汁而變軟，因此只要用熱水淋過就OK了。如果將冬粉泡軟，反而會讓冬粉不夠入味。相反地，製作沙拉或涼拌菜的時候，由於不經過加熱，因此必須用滿滿的熱水煮2～3分鐘，等到冬粉徹底變軟後泡冷水降溫，最後再瀝乾水分使用。

用來燉菜或煮湯的冬粉只需要用熱水淋過就可以使用了。

256 米粉泡水，在米粉芯還有一點硬的時候瀝乾水分

你是否也有這樣的經驗？不管怎麼炒，米粉都還是散不開。這是因為米粉泡水過久而變得過軟所造成。在米粉芯還有一點硬的時候瀝乾水分，這樣剛剛好。水分瀝乾再用廚房紙巾擦拭，炒米粉就不會失敗。萬一米粉還是散不開，可以淋一點芝麻油。

257 受潮的海苔可以加芝麻油和鹽變身韓式海苔！

海苔放在廚房保存很容易受潮，風味受損，變得不好吃。如果用火烤，可以找回部分風味，但總還是缺少點什麼。這時建議可以將受潮的海苔變身為韓式海苔。用刷子刷上芝麻油，撒一點鹽，放進小烤箱加熱約20秒，美味的韓式海苔就完成了。

258 昆布切成容易使用的大小，保存更方便

每次使用硬梆梆的昆布都要切，實在很麻煩。只要將昆布切成容易使用的大小放進保存容器，使用起來非常方便。用來熬湯的昆布可以切成5公分大小，比較容易配合水量調整昆布的使用量。另外，昆布切成1×10公分的長條，使用前再用剪刀剪成小片放入鍋中，燉菜就不必放高湯了。

259 昆布與日本酸梅一起熬煮，昆布更軟爛

熬煮昆布只要加入日本酸梅一起煮，昆布就會變得軟爛。這是因為日本酸梅中的有機酸在煮的時候會破壞昆布的纖維組織。然而，日本酸梅不是放越多越好。放太多日本酸梅，昆布的纖維融融解，口感會變得黏稠。20公分左右的昆布搭配4～5顆中粒的日本酸梅是最適當的量。

用濾茶器或茶壺製作少量的柴魚高湯。

260 少量的柴魚高湯用濾茶器最方便

製作三杯醋或是沾醬等，有時只需要一點點的高湯。這時只要將濾茶器放在耐熱玻璃杯上，放入柴魚片注入熱水，大約1分鐘後，香噴噴的柴魚高湯就完成了。熱水的量大約蓋過濾茶器底部即可。另外，也可以善用茶壺，用泡茶的方式製作柴魚高湯。

加工食品

261 需要少量芝麻粉時，可將芝麻裝進塑膠袋，以擀麵棍或研磨棒敲打

只需要少量芝麻粉卻還要搬出研磨缽，收拾起來很麻煩。你是否也有這樣的煩惱，卻又不知如何是好？這時只要將芝麻放進厚塑膠袋用擀麵棍敲打，一下子就可以敲碎芝麻。現磨的芝麻粉風味遠勝於市售品，是最大的魅力。

262 下酒用的「魷魚絲」，就可以熬出美味的中式湯頭

「魷魚絲」是喝啤酒的良伴。只要將魷魚絲放進熱水裡煮，就可以熬出充滿魷魚鮮味的湯頭，湯頭的鹹度也恰到好處。再加入海帶或蔥末並撒一點胡椒，打一顆蛋，馬上就是美味的中式湯品。魷魚絲撈出來切成細絲，還可當作湯品的配料，完全不浪費。

利用魷魚絲所含的鮮味來煮湯。放入喜歡的配料，再用胡椒調味即可。

263 吻仔魚乾太鹹，可以淋上熱水

吻仔魚乾搭配白蘿蔔泥一起享用，如果覺得太鹹，可以將吻仔魚乾放在瀝水籃上淋熱水，放置到完全冷卻為止。如此一來，可以降低鹹度，口感更軟嫩，還可以去除魚乾上的髒污，可說是一舉數得。最後記得一定要用廚房紙巾吸取多餘水分。

淋上熱水就可以去除吻仔魚乾多餘的鹹味，口感也更軟嫩。

264 用鹽搓揉過的蒟蒻更有彈性！

蒟蒻放在砧板上，均勻地撒上鹽，用擀麵棍或研磨棒敲打，多餘的水分就會釋放出來。用鹽沖洗乾淨再烹調，蒟蒻的口感更佳，也更入味。蒟蒻絲加鹽後用手搓揉，除了可以增進口感，也可以去除澀味。

265 蒟蒻先用水汆燙更入味

如果沒有先汆燙，就無法去除蒟蒻中用來作凝固劑使用的石灰所散發的臭味，也很難入味。蒟蒻放入冷水中開火，沸騰後繼續煮2～3分鐘，臭味和澀味都可一併去除。蒟蒻還會釋放出多餘水分，使得蒟蒻更入味。蒟蒻切成小塊再用水煮，更可以徹底去除臭味和澀味。

先用水燙過再烹調的蒟蒻更美味。

266 蒟蒻是可以改善便祕的食材

蒟蒻吃下肚經過腸胃的時候不會變得濃稠或黏膩。由於蒟蒻經過腸胃時仍舊維持一定的硬度，因此可以增加便量，讓催促排便的訊號更早送達腦部，可以多少改善便祕狀況。

267

蒟蒻絲放進鍋內用剪刀剪成小段就不會弄得四散

在砧板上將蒟蒻絲切成小段，很容易就弄得到處都是，非常惱人。汆燙前將蒟蒻絲放進鍋中，用剪刀剪成小段再加水，這樣就不需要用到砧板，非常方便。

放入鍋子再用剪刀剪成小段，既不會弄髒砧板，也不用擔心會弄得到處都是。

268

蒟蒻絲最適合用來增加料理的分量

蒟蒻絲的優點在於幾乎沒有熱量和味道，可搭配任何食材。可以加進白飯或炒飯裡，也可以加到漢堡肉裡，最適合正在減肥的人。

乳製品

269

鮮奶油放進密封容器用力搖晃，就可以打發鮮奶油

雖然不適用於製作大量鮮奶油，但若僅是放在咖啡上或鬆餅旁，可以試試這個方法。100毫升的鮮奶油放入密封容器上下左右用力搖晃3～4分鐘即可。容器的容量最好是鮮奶油的3倍。

鮮奶油放進密封容器用力搖晃，只需要3分鐘就可以打發鮮奶油。
搖啊
搖啊
打發鮮奶油
fresh cream

270

牛奶加砂糖，加熱時就不容易溢鍋

牛奶加熱後，蛋白質凝固附著在脂肪上形成薄膜，是造成牛奶溢鍋的原因。60℃以上就會開始形成薄膜，因此加熱時最好不停攪動。然而，加熱前在牛奶裡加砂糖，就算不攪動，牛奶也不會溢鍋，真是不可思議！這是因為加入砂糖會使得沸點提高，薄膜尚未形成前，牛奶就已經加熱完畢。另外，用冰過的鍋子加熱也是一個方法。如果不怕熱量過高，也可以事先在鍋子邊緣塗上奶油。

271

如果茅屋乳酪的酸味太明顯，可以加一點牛奶中和

如果茅屋乳酪（cottage cheese）的酸味太明顯，可以加入等量的牛奶，攪拌均勻放置1小時，再用廚房紙巾瀝乾。乳酪的酸味就會變得比較溫和，而且更濃郁。很多小朋友都怕酸，製作給小朋友吃的乳酪蛋糕不妨試試這個方法。

米飯·麵條·麵包

272

用鍋子炊飯只需花費電子鍋一半的時間

用電子鍋炊飯大約需要50分鐘，但用鍋子炊飯只需要20～25分鐘，而且煮出來的飯也比較美味，還可以省電。炊飯的方式非常簡單。洗好的米放入鍋中，加入與平常炊飯時相同水量的水浸泡，蓋上蓋子開中火，等到沸騰轉小火煮12分鐘。聽到微弱的嗶聲後關火，繼續悶煮10分鐘即可。

273

剛炊好的飯如果米芯還有一點硬，可以淋一點酒悶煮

相對於3杯米，淋上1～1.5大匙的酒，蓋緊蓋子悶15～20分鐘，最後再用飯匙拌勻，米飯就會變得飽滿有彈性。攪拌的動作會讓酒精隨著蒸氣一起蒸發，是讓米飯更美味的祕訣。

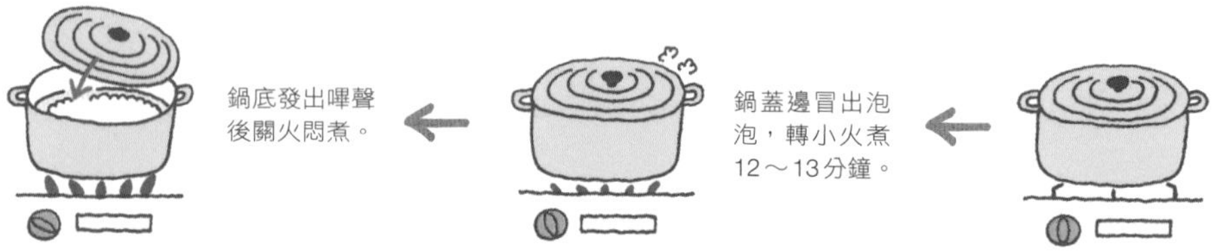
米泡水，等到米吸飽水分後蓋上鍋蓋開中火。
鍋蓋邊冒出泡泡，轉小火煮12～13分鐘。
鍋底發出嗶聲後關火悶煮。

274

冷飯用水洗過再微波加熱就會變得飽滿有彈性

冷掉的飯放在瀝水籃上用水沖洗後瀝乾，放入容器內包上保鮮膜微波加熱，水分均勻散布，可以恢復成飽滿有彈性的米飯。飯冷卻又會變硬，因此建議要吃之前再加熱。

275

500毫升的寶特瓶剛好可以裝3杯米

洗淨烘乾的500毫升寶特瓶剛好可以裝3杯米！如果你家每天都要煮3杯米，事先量好保存，要用的時候就很方便。放在寶特瓶裡不占空間，還可以冷藏保存。

500 毫升的寶特瓶剛好可以裝 3 杯米。

276

切壽司捲的刀子記得先用醋水沾濕

切壽司捲的時候，每切一刀就用沾了醋水的布擦拭刀子，這樣每一刀的切口都會很平整。僅僅是沾了清水的布，容易讓切口濕爛，要特別留意。

切壽司捲時，每切一刀就用沾了醋水的濕布擦拭，這樣可以讓切口更平整。

277

壽司捲包上保鮮膜後再切，就不用擔心會散開

用醋水沾濕刀子切雖然是個好方法，但如果壽司捲好後放置了一段時間，切的時候可能還是不好切。這時只要用保鮮膜將壽司捲綑緊，連同保鮮膜一起切，壽司捲就不會散開，切口也很平整。

278 煮中式涼麵時，記得加一點芝麻油

煮中式涼麵時在熱水裡加一點芝麻油，煮好之後就算用水沖洗，麵也不會糊掉，有彈性的麵條非常美味，芝麻油的香氣也可以為涼麵增添風味。

用平底鍋煮義大利麵就不容易溢鍋。

279 用平底鍋煮義大利麵，就不會溢鍋

建議用平底鍋煮義大利麵、麵線等麵類。除了可以節省用水量，平底鍋比鍋子淺且表面積廣，在造成溢鍋主因的薄膜形成之前就會被空氣吹涼，因此不容易溢鍋。像中式炒鍋這種圓底的鍋子，製造薄膜的澱粉會在鍋內循環，不容易溢鍋。

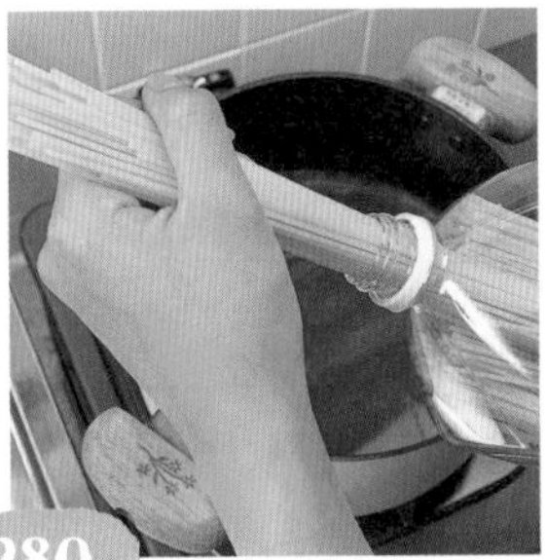

寶特瓶倒過來，取出的量正好是 100 克，十分方便。

280 從寶特瓶口取出的義大利麵剛好是100克

義大利麵放進2公升的寶特瓶內，寶特瓶倒過來的時候，從瓶口取出的義大利麵剛好是100克。用寶特瓶儲存義大利麵，可以簡單計量，又可密封保存，真是一舉兩得。

281 切除三明治邊時，先用小叉子將四個角固定

餡料多的三明治十分美味，但去邊的時候三明治容易散開。這時只要用小叉子將麵包的四個角固定即可。切的時候用火溫刀，切口更工整。

282 用沾濕的紙包裹放置一段時間的法國麵包加熱，就好像剛出爐一般美味

變得硬梆梆的法國麵包切成10公分長的小段，用沾水的廚房紙巾包起來放入小烤箱加熱，只需要4～5分鐘就會變軟。廚房紙巾上的水氣受熱後會變成蒸氣，讓法國麵包找回彈性與濕潤。

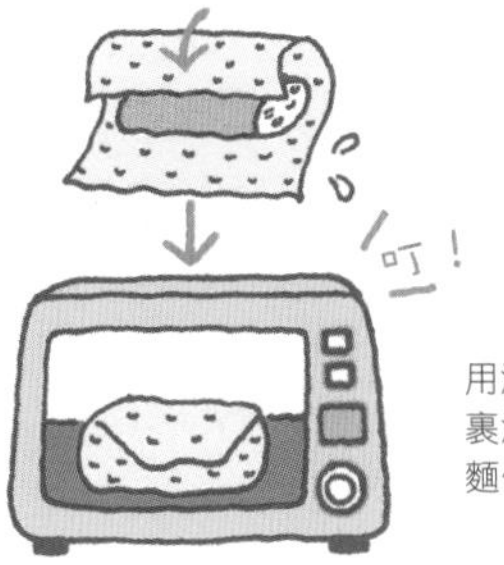

用濕的廚房紙巾包裹法國麵包加熱，麵包就會變軟。

283 用土司製作迷你中華包子！

切下土司邊用手將土司壓扁後沾水，放在保鮮膜上。將燒賣或是剩餘的咖哩放在土司中央，抓住保鮮膜的四個角，將土司的四個角捏緊。微波（500W）加熱1～2分鐘（視情況調整加熱時間），迷你中華包子就完成了！

Part 2
調味料篇

[2-2]

善用調味料，料理風味大升級！

基礎調味料

284 砂糖如果結塊，撕幾塊土司放入後5～6小時就會恢復原狀

發現罐內的白砂糖已經結塊變硬，就算用湯匙也挖不動……這時只要撕幾塊一口大小的土司放進罐中，蓋上蓋子靜置5～6小時，就會發現砂糖竟然恢復原狀了！這是因為砂糖會吸收麵包中的濕氣所致。除了白砂糖之外，黑砂糖更容易變硬。這時可以試試放入一小片蘋果。只要靜置2天左右，黑砂糖應該就可以回復濕潤。如果還是不行的話，也可以將蘋果磨成泥之後放入。

只要放入幾塊土司，結塊的砂糖就會恢復原狀。

285 炒過的米混入，可以預防鹽受潮

希望鹽保持乾燥，以炒過的米代替乾燥劑放入，是自古以來流傳下來的智慧。米如果變色了，記得更換。如果鹽已經在容器內結塊，只要將炒過的米放入靜置一段時間，就會變得比較容易散開。另外，廚房紙巾鋪在耐熱器皿上，放上結塊的鹽，不包保鮮膜，視情況微波加熱，也可以改善鹽結塊的情形。中途拿出來摸摸看，如果已經散開即可。冷卻後再放回容器內保存。

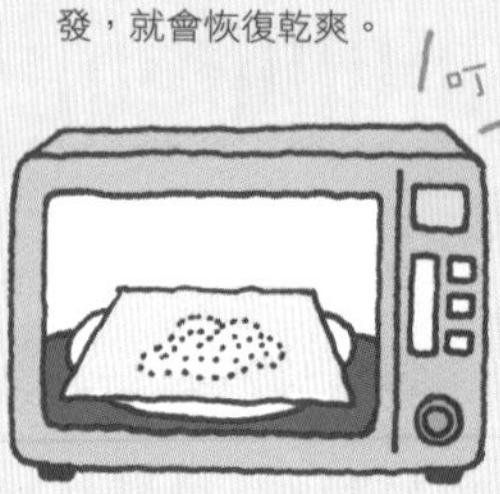

受潮變硬的鹽只要經過微波加熱將水分蒸發，就會恢復乾爽。

286 希望甜味更有深度，可以加一點鹽

煮紅豆湯或燉甜豆，如果希望甜味更濃郁，可以加入少量的鹽。只需要加一點點的鹽，就可以提昇甜味，產生「味覺的對比效果」，讓甜味更有深度。一邊試味道一邊少量加入，千萬注意不要過量。

加入少量的鹽，利用「味覺的對比效果」帶出甜味。

287 涼拌用的味醂一定要先加熱再使用

味醂的酒精成分高，如果直接用來涼拌，酒精味強且苦。涼拌前先將味醂煮沸，讓酒精成分蒸發再使用是烹調的基本常識。這在日本稱作「煮切味醂」。味醂放入耐熱器皿，包上保鮮膜，每100毫升微波（600W）加熱40～50秒，也可以達到同樣的效果，酒也是一樣。

288 用打蛋器攪拌，味噌更快融解

加在高湯裡的味噌有時很難融融解。趕時間的話建議改用打蛋器試試看。祕訣在於用打蛋器慢慢地在鍋中畫圓攪拌。

用攪拌器攪拌，味噌更快融解。

289 袋裝的味噌稍微冷凍，就可以很輕易地裝到容器內

袋裝味噌移到容器內時，袋子裡總會殘留味噌，取不乾淨。為了不浪費，可以將未開封的袋裝味噌稍加冷凍。冷凍後剪掉上下封口，再從中央部位剪開，就可以將整塊味噌移到容器內保存。冷凍變硬的味噌很容易就從袋子內整個取出，不會浪費。

290 「薄口醬油」的鹽分其實並不薄！

日本的薄口醬油，「薄」指的是顏色。事實上，薄口醬油的鹽分比一般「濃口醬油」還高。如果將一般食譜的醬油換作薄口醬油，加入同樣的量則料理會過鹹，需要特別注意。由於薄口醬油的顏色較淡，適合用在希望呈現食材原色的料理。烹調清高湯或燙青菜時使用薄口醬油，顏色不會泛黑，看起來更高雅。

291 要讓醋充分發揮效果，添加的時機最重要

由於醋具有揮發性，加入後如果長時間加熱，風味會蒸發。希望突顯醋的酸味和香氣時，最後再加醋。另外，醋燒沙丁魚等烹調脂肪含量高的食材時，一開始就要放醋。雖然酸味和香氣容易蒸發，但可以去除食材的油膩，而且醋的鮮味來源胺基酸發揮功效，使得料理更香醇，食材更軟嫩。

292 醋飯的調和醋中如果不加糖，飯容易變乾

如果因為不喜歡甜味而不在醋飯的調和醋中加糖，保證你會後悔。砂糖具有保持水分、預防乾燥和劣化的效果。因此，醋飯就算冷了也不會變得乾巴巴，其實都是砂糖的功勞。

醋飯就算冷了也不會變乾，其實都是砂糖的功勞。

293 醬汁如果有加砂糖，記得放入微波爐加熱數秒

用來涼拌菜的調和醋，當中的砂糖如果沒有融解，味道會不均勻，也不好吃。砂糖就算經過攪拌也不容易融解，因此，加入所有調味料後微波加熱數秒，確實攪拌均勻，冷卻後就可以使用了。

市售調味料

294 覺得麵味露不夠味，可以加一點酒

如果覺得麵味露（沾麵用的醬油）的鮮味不夠，可以依照包裝上建議的比例加水稀釋後煮沸，加一點點酒再煮一下。酒精成分揮發後，鮮味增加，吃起來十分爽口。酒的量可以依照個人喜好調整。

在廚房淋上
沙拉醬拌勻後再上桌，
可以避免沙拉醬的過度使用。

293 在廚房先淋沙拉醬拌勻再上桌，可以節省一半的用量

市售沙拉醬淋在沙拉上，一個不小心就會淋得太多。其實，只要做沙拉用的蔬菜準備好，慢慢加入沙拉醬，就像做涼拌菜一樣拌勻，就可以減少不必要的浪費。也許有點麻煩，還是建議用量匙測量沙拉醬，這樣就可以掌握最適當的量。然而，加了沙拉醬後如果放置一段時間，蔬菜容易出水，因此最好在要吃之前再加醬拌勻。

296 燒肉醬加蘋果或梨子泥，美味立刻升級

吃膩了市售的烤肉醬，可以試試加一點蘋果或梨子泥。烤肉醬增添清新的香氣和甜味，更有職業水準。除了烤肉之外，用來炒菜或燉肉也別有一番風味。

好味道！

只要加入蘋果或梨子泥，烤肉醬的味道足以媲美烤肉店。

297 殘留在瓶子裡的少量芝麻醬，加一點高湯和油立刻變身沙拉醬

許多家庭的冰箱都會有吃剩的涮涮鍋用芝麻醬。只要加一點高湯、油、醋等，搖晃均勻之後立刻變身為沙拉醬。一邊試味道一邊加調味料，根據喜愛調整口味，可以當作燙青菜的沾醬或是沙拉醬使用，完全不浪費。

298 用橘醋醬油製作糖醋排骨的醬汁

有人會特地花錢購買糖醋排骨的調味醬汁，但其實利用家裡現成的橘醋醬油，就可以調出美味的糖醋醬。橘醋醬油煮沸，加入砂糖提升甜度，就是製作糖醋排骨最好的醬汁。

299 用橘醋醬油醃漬剩餘的蔬菜

只要有橘醋醬油，就可以簡單製作酸味適中的醬菜。高麗菜、黃瓜、蕪菁等，將剩下的蔬菜切成小塊，放入夾鏈袋倒入橘醋醬油，排出空氣後封口冷藏。醃1根黃瓜大約需要1大匙橘醋醬油。晚上醃漬，隔天早上就可以吃了。

夾鏈袋放在盤子之類的容器內，
就不用擔心汁液外流。

香料・香草

摘下葉子放在陽光下曬約半日，就可以當作乾燥香草使用。

300 放置一段時間的香料，只要微波加熱20秒就可以復活

大多數人都會將香氣已經揮發的咖哩粉等香料丟棄，但先等一下！使用前將香料放在耐熱容器上，不包保鮮膜，微波（600W）加熱數秒，就可以找回香料的香氣。加熱時間過長容易燒焦，加熱時看狀況調整加熱時間。

乾燥香草切碎後與鹽混合，就成了自製的香草鹽。

301 剩下的新鮮香草插在杯子裡享受香氣

如果有剩下的百里香、迷迭香、奧勒岡等新鮮香草，可以插在加了水的杯子裡，宜人的香氣可以趕走焦躁不安的情緒。晚上將香草連同杯子一起裝進塑膠袋放入冰箱以保新鮮。如果剩下大量香草，瀝乾水分，摘取葉子部分放在通風處曬乾，就可以當作乾燥香草使用。切碎後與鹽混合，就成了香草鹽。

油脂・奶油

302 簡單測量1大匙奶油的方法

如果看到食譜上寫著「奶油1大匙」，用一般圓形計量匙測量長方形的奶油實在不容易。1大匙奶油的量大約是12克，因此將一條200克的奶油16等份，一份大約就是1大匙的量。事先將奶油切成16等份，或是在包裝紙上做記號，要用的時候非常方便。

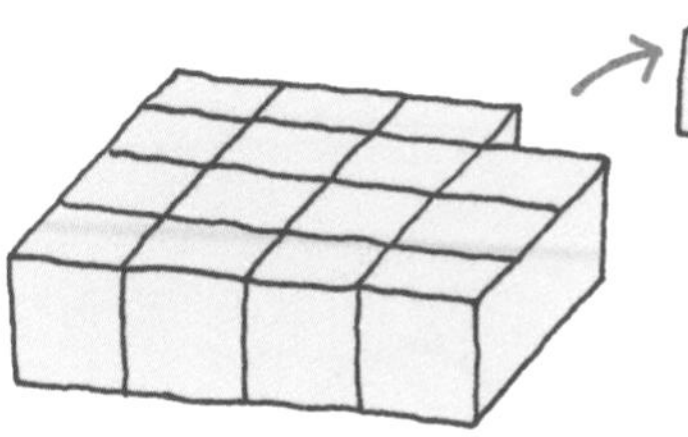

200 克的奶油 16 等份，
一份（約 12 克）＝ 1 大匙。

303 在奶油完全融化之前加入食材就不容易燒焦

奶油非常容易燒焦，一旦焦了就有損香氣，吃起來苦苦的。因此，用奶油炒菜時，在奶油開始受熱，尚未完全融化前加入食材才是正確做法。另外，只要加入等量的橄欖油一起使用，就不用擔心會燒焦。

304 沾了味道的油，可以用剩下的米飯清潔

油炸過後，撈出大的油渣後關火，靜置2～3分鐘，等到油溫下降放入一撮剩下的米飯。用筷子將飯粒分開，米飯就會吸附油渣和異味，讓油鍋裡的油變得乾淨。使用同樣屬於澱粉質的馬鈴薯皮也可以達到同樣的效果。在炸完咖哩麵包或魚之後，不妨試試看這個方法。

只需要一口剩飯，就可以去除油鍋中的油渣和異味。

[2-3]

活用小技巧，做起家常菜更加得心應手

油炸

高溫：猛烈冒出大氣泡。　**中溫**：筷子整體冒出氣泡。　**低溫**：筷子尖端慢慢冒出氣泡。

305

筷子放入油鍋中，根據冒泡的狀態判斷油溫

油炸時油溫可分為低溫（約160℃）、中溫（約170℃）、高溫（約180℃）。根據食材和料理的不同，油鍋的適溫也不同，料理時最好分別處理。如果有溫度計的話當然很簡單，沒有的話，只要將筷子插進油鍋中央，根據冒泡的狀態就可以判斷油溫。蔬菜、番薯類食材不容易熟，因此必須用低溫油炸。如果從筷子的尖端慢慢冒出氣泡，就表示這時的油鍋是低溫。炸雞或炸豬排使用的是中溫。泡在油鍋裡的筷子整體都冒出綿密的氣泡，這時的油鍋便是中溫。炸海鮮天婦羅的適溫是高溫。將筷子放入油鍋的瞬間會猛烈冒出大量氣泡，這時的油鍋便是高溫。測油鍋溫度前記得將筷子沾濕後徹底擦乾。

用筷子的尖端戳戳看，發出微微的聲響就代表完成了。

306

用聲音判斷炸雞何時該起鍋

雞腿肉切成6～8等份，用中溫（約170℃）油炸4～5分鐘就幾乎熟了。當一開始沉在鍋底的雞肉浮起來時，就代表雞肉沒有多餘水分，已經熟了。用筷子的尖端戳戳看，如果可以聽到喀喀的乾爽聲響，就代表可以起鍋。夾起時可以感覺到炸雞相當輕盈。

307

蛋充分打散，麵衣更均勻

常常聽到有人煩惱炸排骨或炸魚時，無法均勻裹上麵衣。問題其實就出在打蛋的方式。如果蛋白和蛋黃沒有充分攪拌均勻，只沾到蛋白的部分就很難沾上麵包粉。筷子的尖端沾少許鹽，以切拌的方式將蛋白打散。另外，沾上麵包粉後記得再用手按壓。只要遵守這兩個原則，麵衣就不容易脫落。

沾上充分打散的蛋液再沾麵包粉，最後再用手按壓，這樣麵衣就不容易脫落。

308 使用乾燥麵包粉的技巧是先噴一點水

市售的乾燥麵包粉如果直接拿來當麵衣使用，油炸後容易上色，口感脆硬。然而，如果希望炸出如新鮮麵包粉般的口感，可以先將麵包粉噴濕。油炸的時候水分會蒸發，麵衣吸收適度的油脂，炸出來的口感自然酥脆。

309 用杯子為串炸裹上麵衣更簡單！

製作串炸的時候，用杯子或量杯裹麵衣就不用擔心裹不均勻。杯子裡放入麵粉和蛋攪拌均勻，手持串好的食材放入杯中即可！只要將杯子稍微傾斜，上端的食材也可以輕鬆裹上麵衣，而且手也不會弄髒，可說是一舉兩得。

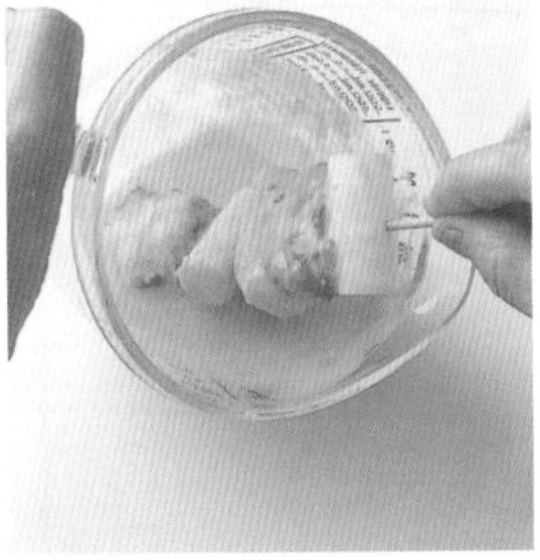
用杯子或量杯裹麵衣就不用擔心裹不均勻。

拌炒

310 炒菜時加一點酒更美味

想要將高麗菜等葉片大的蔬菜和其他蔬菜或配料一起拌炒，其實不是很容易。剛開始炒的時候加1大匙酒，水蒸氣可以很快讓蔬菜變軟，炒起來比較順手。酒同時可以減少肉的騷味，讓蔬菜更好吃。

311 加番茄醬拌炒時，要將水分充分收乾

製作番茄肉醬義大利麵或雞肉炒飯，很多人都有同樣的煩惱。加了番茄醬的麵或飯會變得糊糊的。原因在於番茄醬加熱後，原本黏稠的番茄醬會轉化為水分。為了預防這樣的狀況，首先將配料加番茄醬充分拌炒，讓水分蒸發後再加入飯或義大利麵，這樣就不會濕濕糊糊的了。

燒烤

312 煎餃子時加熱水，表皮更清脆

煎餃子時，一般都是等到餃子上色後加水蓋上蓋子，以蒸煎的方式將餃子煎熟。這時候將冷水換成熱水，餃子皮不會因為溫度驟降而變軟，煎出來的餃子更脆。

313 煎雞肉時，記得吸取多餘的油脂

煎雞肉都是從帶皮的那一面開始煎。等到雞肉開始出油，用廚房紙巾吸乾油脂，如此煎出來的雞肉更酥脆。如果不吸油，就算調味也不容易入味。另外，煎雞肉前去皮可是大錯特錯。肉的油脂是鮮味的來源，就算在節食，最好等煎好之後再將雞皮去除。

用杯子或量杯裹麵衣就不用擔心裹不均勻。

燉煮‧湯品‧涼拌

314 日式滷菜一開始先加糖更美味

砂糖具有讓食材變軟的效果，食材變軟比較容易入味，因此在一開始燉煮的時候就先加糖。相反地，鹽具有讓食材變硬的效果，如果一開始就加鹽，那麼其他的調味料就不容易入味。加了鹽之後就算覺得不夠甜再加糖，無論加多少糖也沒有用，只會讓醬汁變甜而已，味道完全進不到食材裡，反而破壞了味道的平衡。

315 撈渣的時候先轉小火

滷汁沸騰之後，表面會有一些浮沫。沸騰時滷汁會不斷翻騰，在這樣的狀況之下，撈浮沫會與滷汁合為一體，撈不乾淨。沸騰後這些渣會浮上來，這時轉小火，讓滷汁不再翻騰後再撈浮沫。

沸騰時不好撈浮沫，
轉小火後再撈。

316 製作白醬燉肉時，先在洋蔥上撒一點麵粉再炒，就不容易結塊

製作白醬燉肉時，只要將洋蔥切碎撒上麵粉用奶油拌炒，等到看不見麵粉再加入高湯熬煮，如此一來，就算是初學者也不用擔心麵粉會結塊，煮出來的白醬十分滑順。既可以省略煩人的白醬製作手續，吃起來也比市售的白醬塊清爽。

317 用二杯醋拌生海鮮，三杯醋拌蔬菜

用來製作涼拌菜的調和醋，基本上是以等量的醋、醬油、砂糖（味醂）調成，稱作三杯醋。這是因為以前是以酒杯為測量單位，醋、醬油、味醂各一杯，因此稱作三杯醋。最近有越來越多人以砂糖取代味醂。考慮到味道的平衡，有時也會加入適量的高湯或鹽。三杯醋與黃瓜、白蘿蔔等蔬菜十分搭配，但生的海鮮與砂糖不搭配，會讓海鮮的後味膩口。醋加醬油，或是以醋加鹽或高湯等調成的二杯醋，比較適合搭配海鮮。

318 涼拌菜要吃之前再拌

醋拌黃瓜或是芝麻醬涼拌四季豆等，製作涼拌菜時先準備好食材，上桌前再涼拌。無論是什麼食材，只要加了鹽就會出水，拌好後如果放置一段時間，就會變得水水的不好吃。綠色沙拉也是同樣的道理。

319 只要加入剩下的肉或海鮮，就算不加高湯，煮出來的味噌湯一樣美味

沒時間熬高湯，只要將冰箱裡剩下的肉或海鮮加入味噌湯裡即可。豬肉、雞肉、蛤蠣、蜆等，只要是有鮮味的食材，即使只加水和味噌就很美味。

味噌湯裡放入剩下的肉，既不用熬高湯，
也可以解決冰箱裡的剩料，一舉兩得。

再加熱&剩菜處理

320 用烤魚爐加熱炸雞

用微波爐加熱炸雞雖然可以回溫，但完全喪失酥脆的口感。但如果是用烤魚爐加熱，則可以找回炸雞酥脆和多汁的口感。加熱時的小祕訣是蓋上鋁箔紙，就不會烤焦。但如果用鋁箔紙包起來，蒸氣會讓炸雞表面軟掉，所以不建議。

321 用年菜剩下的黑豆製作絕品冰淇淋

年菜總會剩下很多黑豆。連同黑豆的湯汁用果汁機打碎後放到保存容器內，冷凍之後就成了黑豆冰淇淋。中途記得數次拿出來攪拌，這樣做出來的冰淇淋口感更滑順。喜歡濃郁的口感，可以加鮮奶油和少許的糖，風味更佳。

連同黑豆的湯汁一起用果汁機打碎再冷凍，健康美味的冰淇淋就完成了。

322 咖哩或白醬燉肉的剩菜可以做成焗飯

剩下的咖哩或白醬燉肉，分量又不是多到可以冷凍保存，這時建議可以和剩飯一起做成焗飯。耐熱器皿中鋪上白飯，淋上咖哩或白醬燉肉，如果有的話再撒上披薩用的乳酪，再來只要用小烤箱烤即可。如果用的是熱的白飯，只需烤5～6分鐘即可。

用剩下的咖哩做焗飯……
沒想到妳還挺厲害的嘛～
還好啦……

323 在肉包和燒賣上噴一點水後微波加熱

在冰箱裡變得硬梆梆的肉包和燒賣，加熱時先放在鋪有廚房紙巾的耐熱容器上，均勻地噴水，蓋上保鮮膜後微波加熱。如果肉包過大，直接泡水也OK。加熱後的口感保證讓你大吃一驚。

324 用剩下的義大利麵做成乳酪煎餅，就是一頓美味的午餐

蒜香義大利麵等，將剩下的義大利麵用平底鍋煎，不需要放油。中火煎1～2分鐘，等到邊緣酥脆，放入披薩用的乳酪，蓋上鍋蓋蒸煎。等到乳酪融化就完成了。可以享受與前一天的義大利麵完全不同的好滋味。

剩下的義大利麵加乳酪用平底鍋煎，別有一番風味。

這裡還有！食的小知識

325 用竹籤刺肉，如果流出透明肉汁就代表肉熟了。

326 沒有白酒的時候，可以用醋加方糖替代。

327 油炸日本酸梅，可以去除舊油的異味。

328 馬鈴薯連皮一起炸，可以讓舊油變新鮮。

329 用水調和的太白粉加一點砂糖，就不容易沉澱。

330 如果菠菜太硬，只要加一點砂糖水煮就會變軟。

331 用高麗菜的外葉將整顆高麗菜包起來，可以預防乾燥並延長保存時間。

332 洋蔥的下半部纖維較細，口感較軟。

333 在鍋裡加入麵粉和檸檬汁，煮出來的白花椰菜更白。

334 如果肉太硬，用加了醋的油醃一個晚上就會變軟。

335 蛋泡在鹽水中一個晚上，煮出來的蛋不用調味也有味道。

336 如果想要融化少量的奶油，用吹風機吹即可。

337 只要在米缸裡放紅辣椒就不容易長蟲。

338 什錦飯長時間放在電子鍋裡保溫會有損風味。

339 梅雨季節，在便當裡放一顆日本酸梅，便當就不容易腐壞。

340 壽司捲對半切再對半切，重複這樣的動作，就可以切出長度均等的壽司。

341 噴一點燒酎就可以預防麻糬發霉。

342 捏放在便當裡的飯糰時，手沾一點醋水，飯糰就不容易腐壞。

343 冬天時可以在便當上放一個暖暖包再包起來，如此就可以達到保溫效果。

344 如果剩下少量的沙拉醬，可以代替油拿來炒菜。

345 剩下的豆腐切成小塊冷凍，就成了凍豆腐。

346 受潮的洋芋片敲碎，就可以拿來當作油炸物的麵衣。

347 雞肉水分多且容易腐壞，加調味料醃製後一定要放冷凍保存。

348 L、M、S尺寸的蛋，其差異在於蛋白的量，蛋黃的重量皆相同。

349 如果覺得咖哩太鹹，可以加一點無糖優格。

350 受潮的餅乾或米果只要微波加熱就可以找回口感。

351 冰鎮西瓜的時候，將西瓜泡在水裡再蓋上一條濕毛巾。

352 沾到手上的油用砂糖稍微搓一下就可以去除。

353 罐裝啤酒放到裝有冰塊的盆子裡轉動，一下子就冰了。

354 只要將剩下的蔬菜切碎放入保存容器，就可以去除容器上殘留的味道。

355 如果不喜歡新的漆器散發的味道，可以用醋水擦拭。

356 木勺和筷子用水沾濕後再使用，既不會染色，味道也不會殘留。

357 茶壺上的茶垢用鹽搓洗就可以洗淨。

358 用中國茶的茶渣搓洗，就可以去除鍋子或器皿上的油垢。

359 第一泡的茶噴在砧板上就可以殺菌。

360 3大匙茶加1公升水冷藏3小時。搖過之後飲用，非常美味。

361 玻璃杯洗乾淨後再用熱水燙過，就不會留下水漬。

362 用墊在魚板下面的木板代替砧板切蒜頭更方便。

363 鐵鍋買回來先放入茶葉煮滾，這樣鐵鍋就不容易生鏽。

364 雞翅的尖端用蔥、生薑及水熬煮就成了美味的湯品。

365 花枝和蝦先撒上麵粉再裹天婦羅的麵衣，炸的時候就不容易亂噴。

Part 3

“住的”智慧百寶箱

掃除更輕鬆，
不需要清潔劑就可以去除髒污，
簡單去除異味等，
各種「你試了就知道」的小撇步，
全都收錄在這章裡！

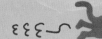

[3-1]

打掃真EAZY！三兩下就把客廳變得乾乾淨淨

窗戶

366

如果要清潔窗戶，記得選擇雨停的陰天

晴天的空氣乾燥，窗戶的污垢不容易清潔乾淨，但陰天的濕度高，濕氣會包覆污垢，比較容易清潔。雖然只是一個小細節，卻可以讓打掃工作輕鬆許多。

367

橡膠手套＋粗棉手套，再用手指夾住百葉窗片滑過，一下子就乾淨了

一片一片擦拭百葉窗的葉片是件很麻煩的事。戴上橡膠手套後再套上粗棉手套，沾經過稀釋的清潔劑，用另一隻手將水分擠乾，再用手指夾住百葉窗的葉片滑過去，一下就擦乾淨了。

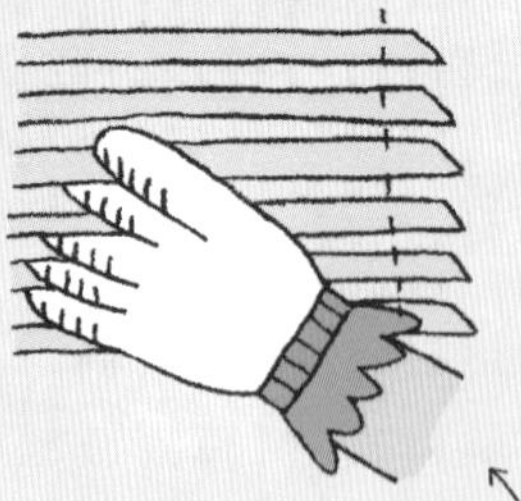

戴上橡皮手袋和粗棉手套，就可以輕鬆清潔百葉窗。

368

利用不要的牙刷，刷洗表面凹凸不平的玻璃窗

表面有一些細小顆粒凹凸不平的玻璃窗，如果只是擦拭是無法擦乾淨的。卡在縫隙的髒污，利用不要的牙刷沾清潔劑刷洗即可去除。再來只要濕擦+乾擦就完美無缺了。使用這個方法前記得先在玻璃窗的角落測試，確定不會刮傷玻璃再繼續刷洗。

369

用澆花器倒水就可以去除紗窗上的髒污

直接用吸塵器吸附著在紗窗上的灰塵，只是讓灰塵移位而已，一點也清不乾淨。這時可以試試在澆花器裡裝水，從上往下一口氣將水全部倒在紗窗上。倒水的時候記得把窗戶關起來，避免水流進室內。水會帶走髒污，讓紗窗變得清爽乾淨。

吸塵完再洗滌是清潔窗簾的基本常識。

370

清除窗簾上的灰塵，洗滌＋脫水後直接掛回去

清潔窗簾時先用吸塵器將灰塵吸乾淨。接著拆下窗簾，直向將窗簾折成像手風琴的拉門一樣，接著再橫向折3～4折，放入洗衣網後送入洗衣機。根據材質選擇不同的洗滌模式，一般而言最好是選擇高級衣物模式。脫水時間不需要太長，洗好後攤開，將皺褶拉平後裝上掛勾，不須曬乾，直接裝回軌道上讓窗簾自然晾乾。最好選擇空氣較乾的季節清洗窗簾。

地板・地毯

啤酒的酵母可以有效去除地板上的污垢。

371 喝剩的啤酒可以用來擦地板

抹布沾一點留在罐子或杯子裡喝不完的啤酒，就可以用來擦地板。啤酒的酵母可以有效分解髒污，黏在地板上的髒污也可以輕鬆去除。啤酒的味道很快就會散去，不必在意。

372 卡在地板縫隙的髒污可以用牙籤挑出來

很多人都不會發現卡在木地板與木地板間細小縫隙的食物碎屑或灰塵，但其實卡在裡面的碎屑還真不少。這些髒污就算用吸塵器也吸不乾淨。用牙籤或竹籤挑，就會發現裡面的碎屑量驚人。碎屑挑出來再用吸塵器吸乾淨即可。跳蚤和蟑螂找不到食物可吃，家裡更乾淨。

373 用舊毛巾做成擦地拖鞋，掃除更輕鬆

木地板上的灰塵總是特別顯眼。這時只要將舊毛巾折起來，留一個開口，將其他三邊縫起來套在腳上，像在地板上溜冰般滑來滑去，就可以將地板上的灰塵髒污清掃乾淨。清潔時請小心，不要滑倒了。

374 清潔長毛地毯只要用橡膠手套輕摸即可

碎屑和毛髮很容易卡在柔軟的長毛地毯深處，一旦卡住就很難清除乾淨。這時只要戴上橡皮手套，朝著與毛流相反的方向輕摸，就可以把這些垃圾給清出來了。把這些垃圾集合起來後丟垃圾桶，簡單輕鬆。

只要戴上橡皮手套輕摸，埋在地毯深處的髒污就會浮上來。

375 地毯上一點點的污漬，可以用洗髮精清洗

不小心打翻了食物或飲料，深怕會在地毯上留下痕跡。這時只要立刻用熱水將洗髮精搓揉起泡，再將泡泡放在污漬上。放置5分鐘後反覆用擰乾的濕布輕拍擦拭，直到洗髮精完全擦乾淨為止。洗髮精與熱水的比例大約是1：5。

如果僅是一點點的污漬，可以用洗髮精的泡泡和抹布清除。

376 用熨斗就可以讓地毯的凹痕變得不明顯

地毯上如果有家具或椅子留下凹痕，可以先用牙刷逆向將毛刷鬆，鋪上濕毛巾再用熨斗熨燙。如此一來，地毯毛便會變得蓬鬆，凹痕也不明顯了。

和室

377 掃把包上毛巾和絲襪，可以用來清潔天花板

如果家裡有長柄掃把，可以用舊毛巾包起來再套上絲襪。只要在天花板上來回掃動，絲襪所產生的靜電效果會吸附灰塵。如果家裡沒有掃把，可以用除塵拖把等替代。

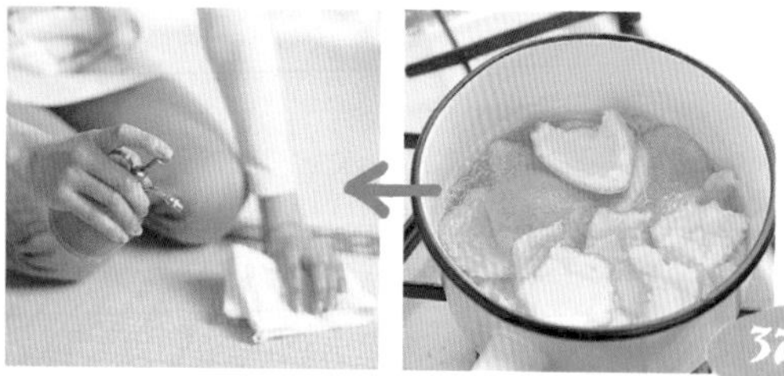

噴灑用橘皮煮的橘子水，可以去除塌塌米的髒污。

378 橘皮水噴灑在塌塌米上，可以消除異味

橘皮中含有具除臭效果的「檸烯」成分。利用這個成分，讓我們一起動手做可以噴在塌塌米上的除臭劑。取4顆橘子的橘皮，洗乾淨後日曬乾燥。將乾燥的橘皮撕成小塊放入400毫升的水裡，煮15分鐘後放涼。橘皮水放進噴霧器噴在塌塌米上，就會發現塌塌米惱人的異味不見了，取而代之的是清新的柑橘香。

379 用蛋殼擦拭後，原本卡卡的門窗滑軌竟然就順暢了！

蛋殼敲碎後用兩層紗布包裹起來，噴一點水，接下來只要來回擦拭門窗滑軌即可。原本拉動時會發出怪聲，有時還會卡住的門窗馬上就順暢了。

蛋殼竟然會派上用場……

用紗布將蛋殼包起來擦拭，滑軌馬上就順了。

380 茶葉渣撒在塌塌米上，清掃時就不會起灰塵

茶葉渣最適合用來清潔塌塌米。茶葉渣撒在塌塌米上，沿著塌塌米的縫線清掃就不會起灰塵。茶葉渣也有助於取出卡在縫隙中的碎屑，讓塌塌米更乾淨。清掃的祕訣在於使用仍有一點潮濕的茶葉渣。

還有一點潮濕的茶葉渣剛剛好。這真是一個廢物利用的環保掃除法。

381 用醋＋熱水擦拭可以預防塌塌米泛黃

如果塌塌米開始泛黃，可以在熱水裡滴幾滴醋，抹布沾濕後擰乾擦拭即可。醋的漂白效果可以讓泛黃看起來比較不明顯。只要養成用醋水擦拭的習慣，就可以預防塌塌米再度泛黃。

家具・小物

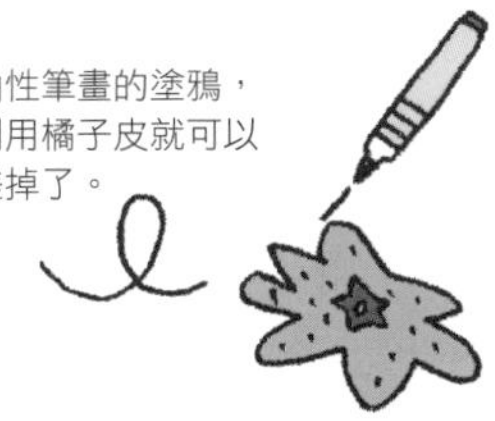

油性筆畫的塗鴉，利用橘子皮就可以搓掉了。

382 嬰兒油可以預防皮沙發起皺

如果天氣連續幾天都很乾燥，皮革製品就容易出現細小皺紋，就好像人的肌膚一般。這時試試拿一條軟布沾嬰兒油擦拭，不僅可以預防皺紋，皮革更滑順，表面也更光亮。皮革上的髒污可以用布沾溫水後擰乾，以拍打的方式擦拭，最後再塗上薄薄的一層油。

383 橘子皮可以清除沾到桌子或家具上的油性筆污漬

清潔劑或熱水無法清除油性筆污漬，橘子皮卻可以。橘皮中所含的精油成分「檸烯」可以融解油墨。只要用橘皮的白色部分擦拭即可。然而，部分塗料可能會剝落，因此使用這個方法前，記得先在不起眼的地方測試後再繼續。

384 白木家具用炒過的米糠打磨，就會變得光亮

保養白木家具時，只要用乾布擦拭即可。濕布是造成斑點的原因，因此盡量避免用濕布擦拭。最好數週一次，炒過的米糠裝進茶包內打磨家具。米糠的油分可以讓白木家具更光亮，如果沒有米糠，也可以噴一點含有蛋白質和脂肪的豆漿，再用徹底擰乾的布擦拭。

385 美乃滋可以修補桌上因高溫所留下的白色痕跡

如果將熱水壺或熱杯子放在上了漆的桌子上，那個部位就會變色，留下一圈痕跡。這時有助於修補的就是美乃滋。用軟布沾適量美乃滋，讓留下白色痕跡的部分吸收美乃滋，你會發現痕跡越來越不明顯了。這是經過乳化的油和醋與漆產生作用而引起的現象。最後再用濕布仔細將美乃滋擦拭乾淨，如果沒有擦乾淨會殘留美乃滋的味道，需要特別注意。

386 用橡皮擦去除電源蓋板上的污漬

電源開關的蓋板很容易被手垢弄得髒兮兮的。這時只要用橡皮擦就可以擦去污漬，既不會傷害蓋板又方便。其他的塑膠小物也可以用橡皮擦試試看。

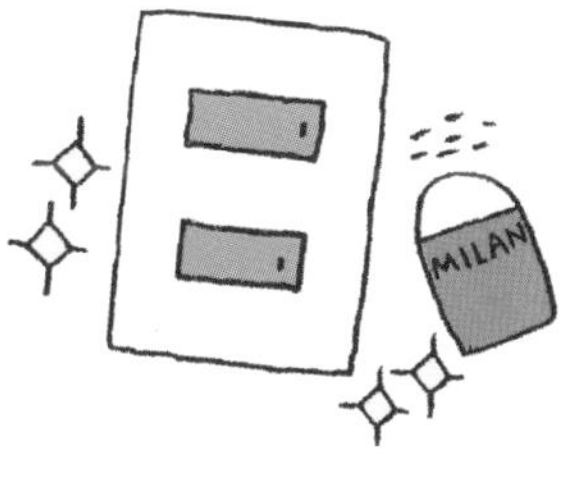

借助橡皮擦的緊密接觸力可以去除手垢和黑漬。

387 用吹風機吹就可以輕鬆撕下貼紙

小朋友總喜歡將貼紙亂貼在牆壁或家具上，如果硬把貼紙撕下，黏膠容易撕不乾淨，或者會連家具上的漆一起撕掉。這時用指甲將貼紙的角稍微摳起，用吹風機的熱風吹貼紙的黏貼面，這樣貼紙很容易就可以撕下來了。如果沒有撕乾淨，可以噴一點醋靜置10～15分鐘，醋滲透後會融解黏膠，用擦的就可以擦乾淨（上漆的家具使用前，先在一角測試後再繼續）。

Part 3
打掃－玄關&陽台篇

[3-2]

打造潔淨亮麗的住家門口，再也不怕見客了

玄關附近

388

鋪上濕報紙，打掃玄關入口處

充分泡濕的報紙撕成小片鋪在玄關入口處，再用掃把掃乾淨。入口處的塵土和碎屑會附著在濕報紙上，不會起灰塵，打掃起來非常方便，乾淨的程度就像用抹布擦過一般。這正是前人的智慧！

鋪上撕碎的濕報紙後再用掃把清掃，就可以清除塵土和垃圾。

389

玄關如果沾到鞋油，可以用柑橘類擦拭

鞋油和鞋蠟都屬於油性，光用水是擦不乾淨的，必須用布沾清潔劑才擦得掉。另外，檸檬皮或橘子皮中含有的「檸烯」成分可以有效對抗油性污漬，因此也可以用柑橘類的皮擦拭。

390

玄關如果沾到鞋油，可以用柑橘類擦拭

鞋油和鞋蠟都屬於油性，光用水是擦不乾淨的，必須用布沾清潔劑才擦得掉。另外，檸檬皮或橘子皮中含有的「檸烯」成分可以有效對抗油性污漬，因此也可以用柑橘類的皮擦拭。

391

養成隨時擦拭對講機和門把的習慣

雖然經常被人遺忘，但對講機和門把是家人以外的人也會摸到的地方，因此盡量養成時常擦拭的習慣。清潔劑加水稀釋，抹布浸泡後擰乾擦拭即可。這樣可以擦去手垢和污漬，變得乾乾淨淨。如果遇到頑固的污漬，可以先用牙刷沾牙膏刷過，再用抹布擦拭。

392

如果鞋櫃臭氣沖天，可以放一小瓶小蘇打粉

鞋子的臭氣讓人很不舒服。放滿鞋子的鞋櫃，至少一個月要清潔一次。可能的話，最好將鞋子全部拿到外面吹風，再用泡過醋水的抹布擦拭鞋櫃，打開門放置一段時間。這時，建議將具有良好除臭效果的小蘇打粉裝入小瓶子放進鞋櫃。小蘇打粉可以中和分解造成惡臭的成分，去除惱人的異味。另外，小蘇打粉放進保存鞋子的鞋盒，也可以有效除臭並預防發霉。

除了鞋櫃外，在鞋盒裡放一小瓶小蘇打粉就可以達到除臭與防霉效果。

下雨天將傘和鞋子放在紅磚上，玄關就不會濕答答了。

393

在玄關放2～3塊紅磚，來放置被雨淋濕的傘和鞋子

被雨淋濕的傘和鞋子直接放在玄關，地上會變得濕答答，很久才會乾，是造成異味和發霉的主因。這時可以準備幾塊紅磚，雨天的時候拿出來，將淋濕的傘和鞋子放在上面。紅磚會吸水，水就不會流得到處都是。如果家裡有傘架，可以在傘架下墊一塊紅磚。

拖鞋底是每天判斷地板清潔度的指標。

394

從拖鞋底可以看出地板的髒污程度

除了家人的拖鞋之外，保持客用拖鞋的整潔也很重要。可以洗滌的拖鞋清洗好放在陰涼處晾乾。如果是不能洗滌的材質，可以將具有殺菌效果的清潔劑加水稀釋，抹布浸泡擰乾後擦拭拖鞋內側。如果殘留濕氣則容易發霉，因此擦拭後記得放在通風處1～2小時後再使用。另外，拖鞋底很髒，表示地板不乾淨。記得檢查拖鞋底，當作每天掃除的參考。

陽台

395

卡在陽台排水溝的垃圾，可以用熱水沖洗

陽台的排水溝總是會堆積一些垃圾。首先用掃把掃除垃圾，如果還是清不乾淨，可以用熱水來處理。熱水倒進排水溝，等到凝固的髒污浮出來，用刷子等刷洗乾淨。附著在排水孔上的髒污可以用不要的牙刷刷洗。由於這些並非油污，因此不需要使用清潔劑。

396

陽台欄杆可以用泡了熱水的抹布擦拭

有時會將被子曬在欄杆上，洗好的衣服也有可能會觸碰到欄杆，因此必須隨時保持乾淨。建議可以用泡了熱水的抹布擰乾擦拭。如果欄杆上有鳥糞，可以噴上用水調勻的小蘇打粉，用報紙擦拭後再用抹布擦乾淨。

397

小蘇打粉可以清除冷氣室外機的髒污

在室外機和室外機的出風口處撒上小蘇打粉，用沾了水的海綿刷洗，最後再用乾布擦拭即可。配合出風口的大小將海綿剪成適當的大小，打掃起來更方便。

398

雨停後是打掃陽台的好時機

被雨淋過，陽台上的髒污比較容易清除，只要用地板刷刷乾淨即可。別忘了檢查排水孔上有沒有落葉，如果有記得丟掉。

399

醋可以消除陽台排水孔的惱人異味

落葉卡在陽台排水孔上，葉子腐壞後排水孔會散發出一股惱人的霉味。這時只要滴幾滴醋，不僅髒污容易去除，就連異味也不見了。

[3-3]

廚房清潔大作戰！下廚做菜也能維持好心情

廚房小物

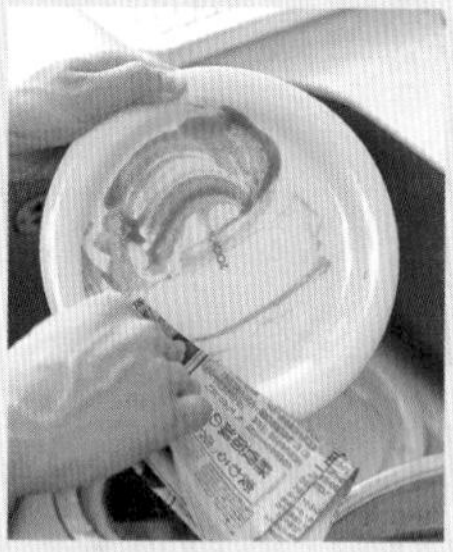

先將碗盤擦乾淨，之後的清洗就更輕鬆了。

400 碗盤擦過再洗，省水又省洗碗精

以前的人都是先用報紙將碗盤擦乾淨再清洗。只要先用報紙或不要的紙、舊毛巾、抹布及不要的T恤等擦過，之後就算只用水洗也很乾淨。用來擦拭的紙或布剪成15公分大小的方塊，用完就丟。尤其是油膩的碗盤疊在其他餐具上，油污會沾到其他碗盤，清洗前記得先用布擦拭。

401 笛音壺放入煮沸過的醋水再煮沸，就可達到清潔效果

笛音壺的內部很難清洗乾淨，但只要加入煮沸過的醋水或檸檬水後再煮沸，最後再用水沖洗就乾乾淨淨了。

402 用檸檬＋鹽清洗，杯子亮晶晶

如果杯子霧霧的，飲料也感覺比較不好喝。「明明已經洗乾淨了，卻少了通透的感覺」，如果你也有這樣的煩惱，不妨試試在檸檬的切面上沾一點鹽，再用沾了鹽的檸檬刷杯子。檸檬的檸檬酸可以分解污垢，找回杯子的透明感。家裡沒有檸檬，也可以用海綿沾醋和鹽替代。馬克杯底部的髒污也可以用同樣的方法清潔。

在檸檬的切面上沾一點鹽刷杯子，就可以讓杯子恢復透明感。

403 用鍋子煮蘋果皮，就可以去除鍋子上的黑斑

蘋果的酸具有分解髒污和黑斑的功效。如果鍋子上有黑斑，可以在鍋裡放入一顆蘋果的皮，加水至八分滿，開火煮沸即可。接下來只要用清潔劑輕刷，就算不出力，也可以把黑斑清洗乾淨。對付頑固的咖哩污漬也很有效。

熬煮蘋果皮是去除鍋子黑斑的最好辦法。

404 喝剩的啤酒可以用來洗碗

喝剩的啤酒不要倒掉，用來洗碗吧！啤酒所含的酵母可以有效分解污垢。喝剩的啤酒倒入洗碗盆加水，碗盤放入浸泡一陣子後清洗即可。比起平常只泡清水，污垢更容易脫落。也可以用抹布沾加了啤酒的水來擦拭微波爐。

405

用尼龍沐浴巾洗碗可以節省洗碗精

百元商店賣的尼龍沐浴巾剪成20公分的長條放在廚房水槽旁備用，十分方便。比起使用海綿，使用沐浴巾的洗碗精用量不但更少，而且更容易起泡。用完清洗乾淨，晾起來一下子就乾了，細菌不易孳生也是另一優點。

406

用「高樓式洗碗法」更輕鬆

碗盤從大到小堆疊，從最上面的碗盤開始清洗，沖洗碗盤的水也會順勢淋在下面的碗盤上，這就是所謂的「高樓式洗碗法」。淋在下面碗盤上的水，幾乎可以帶走所有髒污，洗起來輕鬆，又可以節約用水。

只要將碗盤疊起來，
沖洗的水可以帶走髒污。

407

牛奶造成的焦痕，只要在鍋裡放入洋蔥熬煮就可以去除

牛奶加熱幾乎都會在鍋內留下焦痕。這時只要在鍋裡放入2～3片洋蔥或洋蔥皮，加水蓋過焦痕，開小火煮30分鐘後倒掉水和洋蔥，趁鍋子還熱時用海綿刷洗，就可以去除焦痕。

408

只要用米糠，就不需要洗碗精

有家用碾米機的家庭一定會剩下很多米糠。米糠具有讓油融於水的功效，因此可以去除油垢。米糠放入茶包袋以水沖濕，用流出的白色汁液清洗碗盤。事前將碗盤泡熱水，這樣就算不用洗碗精，只用米糠就可以洗得乾乾淨淨。如果家裡沒有米糠，可以用洗米水代替。米糠還具有美肌效果，對洗面乳過敏的人可以試試改用米糠洗臉。

409

蛋殼放入泡冰茶的水壺上下搖晃，就可以將水壺清潔乾淨

清洗泡冰麥茶的水壺底部，沒有長柄刷子是辦不到的。但只要放入敲碎的蛋殼和少量的水，蓋上蓋子上下搖晃，就可以去除污漬。茶壺也可以用同樣方法去除茶漬。馬克杯和玻璃杯可以放入蛋殼用海綿刷洗。

蛋殼放入泡冰茶的水壺中加一點水，蓋上蓋子上下搖晃，就可以去除內側的污漬。

410

白蘿蔔可以去除切完肉或魚殘留在菜刀上的黏液

切過肉或魚的菜刀，只用水清洗是無法徹底洗乾淨的。這時只要用一小塊白蘿蔔搓洗刀片，白蘿蔔所含的分解酵素可以有效分解蛋白質和脂肪，讓菜刀變得更乾淨。

411

一個茶包就可以讓油膩膩的平底鍋變乾淨

享受完美味的紅茶，剩下的茶包泡熱水輕輕搓洗鍋子，就可以輕鬆去除油垢。烏龍茶的茶包同樣有效。如果是茶葉渣，放進茶包袋一樣可以使用。

甜點包裝內的乾燥劑可以留下再利用。

412

保溫杯收起來時放入乾燥劑，就不會發臭

就算將保溫杯洗淨，放置一段時間會發現保溫杯依舊散發出發霉般的臭味。把暫時不用的保溫杯或保溫瓶收起來，可以在裡面放很多食品都會附的乾燥劑，就可以有效預防產生異味。雖然有一點可惜，但放方糖也有同樣的效果。

413

備長炭可以預防熱水瓶產生污垢

炭具有吸附髒污和味道的特性，放在熱水瓶內可以有效預防污垢的產生。晚上拔掉電源換新水並放入備長炭，隔天早上取出備長炭再插上電源。如此一來，水會變得好喝，熱水瓶也不容易髒，常保清潔。

備長炭放入熱水瓶，就不易產生異味和污垢。

414

用沾了醋的布擦拭不銹鋼製品更乾淨

稍微不注意，原本亮晶晶的不銹鋼燒水壺或鍋子很容易就失去原有的光澤，出現一點一點的黑斑。這時不妨用一塊不要的布沾醋用力擦拭，會發現霧霧的表層不見了，鍋具也回復原有的光澤。

微波爐・水槽

415

麵粉可以去除抽油煙機上黏膩的污垢

抽油煙機上混合了油和灰塵的污垢，用一般清潔劑很難洗淨。抽油煙機拆下來放在報紙上，均勻撒上麵粉，污垢就會慢慢浮上來，清潔起來更輕鬆。再來只需要用泡了熱水的抹布擦乾淨即可。麵粉會吸附油脂，再頑固的污垢也清得一乾二淨。

416

瓦斯爐架上的焦痕可用加了小蘇打粉的熱水煮

爐架上的焦痕清潔起來十分棘手。下定決心清潔時，可將爐架放在大的鍋子裡，加入蓋過爐架的水，放入適量的小蘇打粉融解，開火煮沸後關火靜置。接著戴上橡皮手套或粗棉手套，小心不要被燙傷，用鋼刷刷洗爐架，就可以恢復原本的面貌。

利用水加熱所產生的水蒸氣，只要擦拭就可以輕鬆清潔微波爐內部。

417 牛仔布最適合用來清理瓦斯爐附近的頑固油垢

留下修改褲長剩下的牛仔布，或是將不穿的牛仔褲剪成15公分的四方形備用，用來清潔瓦斯爐附近的頑固油垢非常好用。牛仔布適當的硬度和粗糙的纖維是去污的好幫手。只需要沾一點點清潔劑輕刷，頑固的油垢很容易就清潔乾淨。

建議用牛仔布清潔瓦斯爐的髒污。

418 清潔微波爐前可以先加熱一碗水，擦拭起來更乾淨

加熱時，食品的湯汁和油容易亂噴，因此微波爐裡面其實很髒。清潔前先在耐熱容器內放水，不包保鮮膜加熱2～3分鐘，讓微波爐內充滿水蒸氣，再用擰乾的布擦拭，污垢很容易就擦拭乾淨。

419 趁著瓦斯爐還有餘溫時擦拭，髒污不容易卡住

每一次的烹調，瓦斯爐都可能因為湯汁溢鍋或油亂噴而變髒。如果放置不理，一旦累積髒污就不容易清潔了。因此，使用完瓦斯爐，趁著還有餘溫，一定要用抹布沾水擰乾後擦拭。

420 趁熱將煮馬鈴薯的水倒入排水孔，可以解決髒污和異味

水煮馬鈴薯後，趁熱將熱水倒入排水孔。既可以去除卡在排水孔的髒污，又可以消除異味。

421 用用過的保鮮膜擦拭水槽，就算沒有清潔劑也亮晶晶

用過的保鮮膜總是被我們直接丟到垃圾桶。如果將這些用過的保鮮膜捏成球狀擦拭水槽，就算沒有清潔劑，也可以去除水垢和油污。養成保鮮膜用畢後拿來擦拭水槽的習慣，水槽便可常保清潔。

用剩下的麵粉輕刷，水槽上的頑固污垢也一乾二淨。

422 剩下的麵粉不要丟掉，可以用來清潔水槽

用來調麵糊的麵粉，如果有剩，可以取代清潔劑使用。海綿沾麵粉輕刷水槽，麵粉會吸附水槽上的油或髒污，水槽乾淨的程度讓人眼睛一亮。最後再將白色的麵粉沖乾淨，水槽就變得亮晶晶。

423 用喝剩的碳酸飲料刷水槽，水槽立刻煥然一新

寶特瓶裡留下的一口汽水等碳酸飲料，只要倒在水槽上再用海綿輕刷即可。黏在水槽上的髒污不見，水槽煥然一新。就算沒有氣的碳酸飲料也依舊有效。

Part 3
打掃－浴室＆廁所篇

［3-4］

清潔至上！保持乾淨清爽的打掃小祕訣

浴缸・洗臉台

424 浴室用品建議先浸泡在浴缸內再洗

從洗臉盆、浴室椅、洗澡玩具到浴缸蓋等，這些浴室用品放在浴缸裡泡熱水，加入專門清洗浴缸的清潔劑，浸泡半天就可以一次將全部的用品清洗乾淨。如果是少許水垢，不需要刷洗，用水沖就OK。如果有污垢殘留，用刷子輕刷即可。

浸泡在使用完畢的泡澡水裡，就可一次洗淨所有浴室用品。

425 用舊的尼龍沐浴巾刷磁磚，黑斑也乾乾淨淨

洗身體的尼龍沐浴巾，汰舊換新前可以再利用一下。戴上橡膠手套，指尖再套上尼龍沐浴巾刷洗黑斑處。發霉的黑斑很快就清乾淨。

426 噴一點消毒酒精，可以預防浴室黴菌

很多人以為只要把發霉的黑斑刷乾淨就沒事了，但其實還必須殺菌。藥房就買得到的消毒酒精可以用來殺菌。酒精裝入噴霧器，均勻噴灑在整間浴室，就可以有效防霉。噴灑時注意保持空氣流通。

427 蓮蓬頭的出水如果不順，用醋＋熱水就可以解決阻塞

蓮蓬頭長期使用後表面上會附著許多白色粉末，有時這些白色粉末會阻塞蓮蓬頭。這些白色粉末是自來水中的礦物質。在洗臉槽中儲熱水，再加醋１００毫升，放入蓮蓬頭浸泡一個晚上，就可以解決阻塞問題。最後再用舊牙刷刷洗就萬無一失了。

428 舊的磁卡可以去除洗澡椅或水瓢上的水垢

就算用海綿加清潔劑刷洗，也很難將水垢清洗乾淨。手邊如果有舊的電話卡等磁卡，可以用來搓水垢，效果保證讓你大吃一驚。這個技巧用來對付瓦斯爐附近的焦痕也很有效。

429 拆下浴鏡，反面也擦拭乾淨，可以減少浴室內黴菌的孳生！

鏡子背面很常忽略，但其實這是非常容易發霉的地方。好不容易把浴室牆壁清洗乾淨，但如果忽略了鏡子，黴菌還是會孳生。如果可以取下，去除浴鏡背面的黴菌，再用消毒酒精擦拭。

430

檸檬可以刷去鏡子上的水垢

鏡子上的水垢不用力刷是刷不乾淨的，但只要用檸檬切片刷洗，就會有令人意想不到的效果。接下來只要用水沖洗再用乾布擦拭，便可以找回亮晶晶的光澤。手邊沒有檸檬，可以用沾了醋的海綿代替。

431

馬鈴薯皮可以有效預防浴鏡起霧

用馬鈴薯皮內側刷浴鏡再用乾布擦拭乾淨，鏡子就不容易起霧。馬鈴薯皮含有的皂苷具有介面活性作用，肥皂多半都含有這個成分。烹調時剩下的馬鈴薯皮不要丟掉，拿來擦玻璃吧。

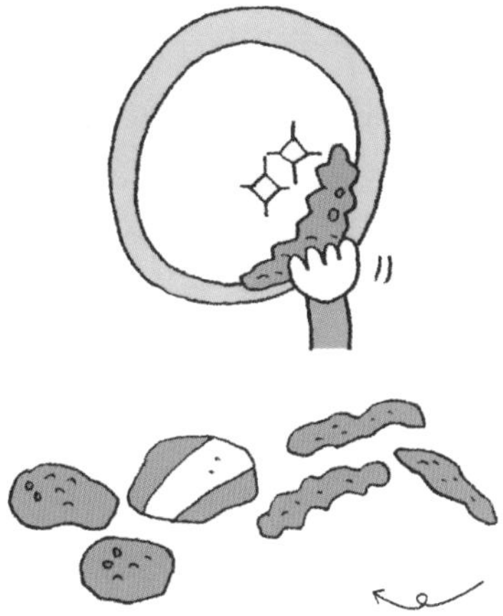
用馬鈴薯皮擦拭鏡子可以預防鏡子起霧。

廁所

432

喝剩的可樂，可以用來清洗廁所

可樂或汽水等碳酸飲料倒入馬桶，發泡成分可以讓污垢浮上來。碳酸飲料倒在有水垢的地方，上面蓋上廚房紙巾，過一陣子再用刷子刷洗即可。

倒入碳酸飲料，污垢就會浮上來，清潔起來更輕鬆。

433

容易積塵的馬桶蓋開關部位可以用牙刷清潔

馬桶和馬桶蓋的交接部位非常不容易清潔。這時可以用牙刷沾清潔劑刷洗污垢，再用包了破布的筷子擦拭乾淨即可。

434

用廁所衛生紙＋清潔劑＋砂紙清潔馬桶內側的環狀斑痕

首先將廁所衛生紙貼在馬桶內側，整個淋滿廁所清潔劑靜置30分鐘。可以軟化污垢，之後再沖掉衛生紙即可。殘餘的污垢可以用刷子刷，如果環狀斑痕還是刷不乾淨，可以將耐水砂紙（1000-1500號）綁在筷子上刷洗髒污，環狀斑痕大都可以清除乾淨。

435

用砂紙＋肥皂清潔水龍頭上黑色或茶色污垢

槽上如果有水龍頭，接頭的部分很容易附著黑色或茶色污垢。這是自來水中的鈣和鐵各自與灰塵結合所產生的污垢，十分頑強，就算用清潔劑也刷不乾淨。建議可以將耐水砂紙（1000-1500號）打濕後沾取肥皂刷洗，水龍頭就會變得很乾淨。

[3-5]

居家害蟲與黴菌一網打盡

對付濕氣

436 下雨天在玄關鋪報紙去除濕氣

梅雨季節，雨下不停的日子，記得在玄關鋪上報紙。雖然看起來不美觀，但報紙會吸水，對於去除鞋子的濕氣十分有效。還可以去除污泥，清掃玄關更輕鬆。收拾報紙時只要用濕報紙稍微擦拭一下玄關，堆積的灰塵也一乾二淨。

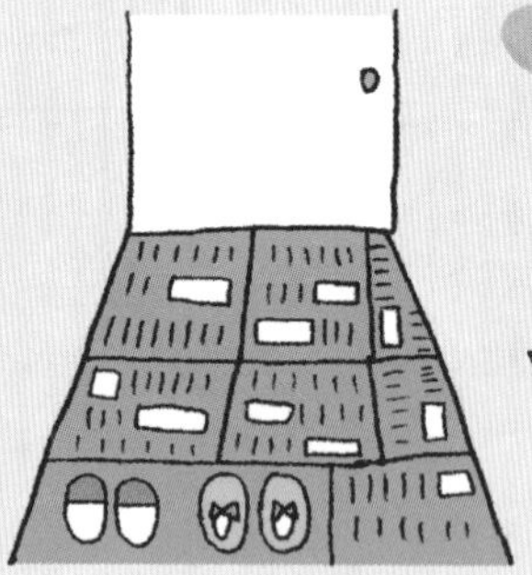

下雨天在玄關鋪報紙可以阻絕濕氣。

437 送風可以有效預防空調內部發霉

空調內部如果發霉，就會散發出惱人的異味。使用後轉送風去除內部的濕氣，可以有效預防黴菌孳生。

438 櫃子裡鋪一塊棧板，保持空氣流通就不容易潮濕

關得緊緊的櫃子很容易潮濕。在棉被和放衣服的箱子之間，或是牆壁和地板間留一點空間，保持空氣流通，是避免濕氣的重要關鍵。在地板或層板上放棧板也非常有效。如果沒有適合的棧板，可以在四個角落放磚塊，再將木板放在上面替代。

439 洗衣粉可以去除洗臉台下的濕氣

洗臉台水槽下面的櫃子容易聚集濕氣，也容易散發異味。洗衣粉可以吸濕氣，用來替代除濕劑非常有效。洗衣粉放進小容器或盒子裡，不需要蓋蓋子，直接放在水槽下即可。洗衣粉不僅會散發清香，還會吸濕氣。

440 加醋水清洗，可以有效預防洗衣槽內的黴菌

洗衣槽內的濕氣重，很容易發霉，清潔起來非常費事。建議每隔幾個月用醋水清洗一次。運轉時選擇低水位，加入100毫升的醋，就可以有效預防發霉。如果覺得空轉醋水有些浪費，可以放入掃除用的抹布一起洗，一舉兩得。

441 捲成圓筒狀的報紙可以預防濕氣

一張報紙捲成圓筒狀放在櫃子收納箱與收納箱之間的空隙中，可以有效預防濕氣。半張塌塌米大的櫃子只要放入7～8捲報紙，就可以看出功效。摸摸看報紙，如果覺得報紙有一點潮濕，就可以換新的報紙。這是一個既不占空間，替換也很方便的好方法。

442 用報紙自製除濕衣架對抗濕氣

用繩子將報紙串起來再綁在衣架上便完成了。最適合用來去除衣櫃的濕氣。

對抗衣櫃濕氣，不妨自己動手做「除濕衣架」。只需要與衣服掛在一起即可，做法也很簡單。首先攤開4～5張報紙疊在一起，以寬度為基準裁成四等分，各自捲成圓筒狀，用膠帶或橡皮筋綁好。如照片所示，用繩子串起來後掛在衣架上即可。只要掛在衣櫃內，報紙就會吸取衣櫃的濕氣。

443 泡完澡用水清洗，可以預防黴菌孳生

泡澡後用冷水沖洗浴室降溫。

高溫多濕的浴室是最適合黴菌孳生的環境，一旦發霉就很難清潔。開換氣扇、洗完澡後把窗戶打開通風等，平日一點點的舉手之勞非常重要。另外，泡完澡用冷水沖洗浴室，降低室溫，沖掉容易讓黴菌孳生的肥皂泡沫等，也可以有效預防黴菌。最後再用抹布將水滴擦拭乾淨就萬無一失了。

444 在鞋櫃裡鋪報紙，可以同時對付濕氣&污泥

配合鞋櫃大小折疊報紙，鋪在鞋櫃層板上。報紙會吸收鞋櫃內的濕氣，有效預防異味和發霉。同時，鞋底的污泥不會直接沾到櫃子，打掃起來更輕鬆。

只要鋪一張報紙就可以同時對付濕氣和污泥。

445 白色粉筆可以用來測試濕氣

在鞋櫃或衣櫃的角落放一枝白色粉筆，根據顏色的變化可以判斷濕氣的程度。由於粉筆容易吸收濕氣，放在濕氣重的地方，會變成有點混濁的灰色。如果粉筆變成灰色，記得採取鋪報紙等方式對付濕氣。

446 報紙塞進皮包或靴子對付濕氣

只要輕輕將報紙揉起來後塞進皮包或靴子內，報紙便會吸收濕氣，預防異味和發霉。另外，塞的時候配合皮包大小，可以維持皮包的形狀。

447 報紙貼在窗戶上，可以防止反潮結露

冬天時，窗戶上的反潮結露很讓人頭大。有這樣煩惱的人可以在睡前用膠帶將報紙貼在窗戶的上下兩邊。到了早上，由於報紙會吸水，結露便不會積在窗戶下方。報紙撕下來的時候順便擦拭一下，不僅玻璃變得亮晶晶，也省下擦玻璃的麻煩。

睡前將報紙貼在玻璃上，早上結露就不會積在窗下。

對付害蟲

448

在紗窗上噴醋水，蒼蠅就不會飛進來

將醋以2倍的水稀釋後噴灑在紗窗上，醋的抗菌和消毒作用會讓蒼蠅不敢靠近。噴灑的技巧是先在靠近室內那一面的紗窗貼上報紙，從外側噴灑，就可以噴得很均勻。就算小朋友摸到紗窗，因為噴的是醋水，也不用擔心。撕下來的報紙可以擦窗戶。

只要噴灑用水稀釋的醋，
蒼蠅就不容易飛進來。

449

咖啡可以有效對付蛞蝓

蛞蝓會吃植物的葉子，上面還寄生著廣東住血線蟲，不但危險，看上去也讓人覺得噁心。大家都知道在蛞蝓身上撒鹽，蛞蝓就會融化，事實上蛞蝓也很怕咖啡因，只要將濃咖啡灑在蛞蝓的行經路上，就可以擊退蛞蝓。蛞蝓多半是夜間出來活動，因此在此之前噴灑咖啡，效果最好。

450

自製殺蟲劑對抗蒼蠅和蚊子

利用蒼蠅和蚊子對味道敏感的特性，將這些害蟲擋在門外。在2公升寶特瓶的側面用刀劃上一個長3公分的ㄇ字型，向下翻折。裡面放入蟲喜歡的日本酒（150毫升）、砂糖（50毫升）、醋（100毫升），攪拌均勻。受到這股味道引誘的蟲會飛進寶特瓶裡出不來。不妨試試將這個自製殺蟲劑放在玄關、後門或庭院容易招蟲的樹木附近。

利用寶特瓶自製殺蟲劑，
就可以擊退討人厭的害蟲。

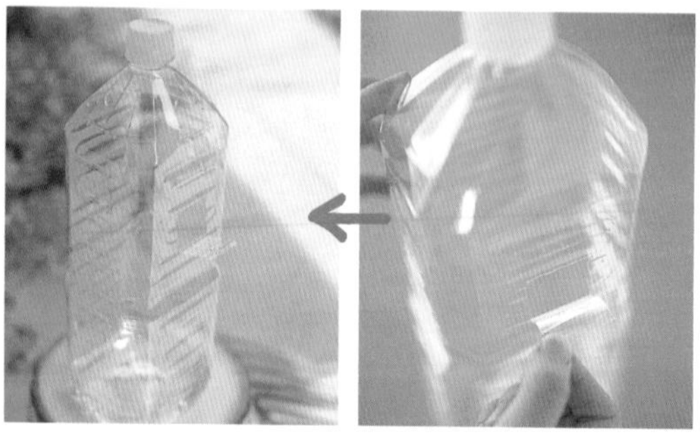

451

蟑螂最討厭薄荷的香氣！

薄荷葉放進盆子，擺在蟑螂出沒的場所，蟑螂就不敢靠近。喝完薄荷茶殘留的薄荷葉同樣有效。

452

用粉筆畫線，螞蟻就不會進來

螞蟻很討厭粉筆。只要在陽台或後門等螞蟻會爬進屋的地方用粉筆畫線，螞蟻就不會越過那一條線。這是因為螞蟻前進的時候會釋放酸，而粉筆當中的成分恰好會中和掉這種酸。

沿著陽台邊緣畫線，螞蟻就算來了也不敢跨過這條線。

衣物防蟲

453 穿過的衣服，一定要洗過再收起來

即使肉眼看不到，人類身上的脂肪、體垢或是食物殘渣沾到衣服上，衣服很可能就會被蟲蛀。衣物的蛀蟲尤其喜歡喀什米爾羊毛或絲等高級衣料，最好是乾洗完再放入衣櫃。如果很有信心確定「沒髒」，那麼用刷子仔細去除上面的灰塵和細小的髒污，晾在通風處約半天再收起來。

454 肥皂可以有效預防衣物的蛀蟲

衣物的蛀蟲不喜歡肥皂的香味。就算對人類是清爽的香氣，對蟲卻是難以忍受的異味。用手帕將肥皂包起來放入衣櫃或收納箱，就有防蟲的效果。只要選擇你喜歡的肥皂，還可以發揮芳香劑的功效。

衣櫃內放入喜歡的肥皂，就可以達到防蟲效果。

455 在衣櫃抽屜內鋪報紙，蛀蟲就不會靠近

衣物蛀蟲不喜歡報紙上的油墨味，因此在衣櫃抽屜內鋪報紙是很聰明的做法。報紙上再鋪上白報紙等，就不用擔心油墨會沾到衣服上。報紙也具有除濕效果，還可以預防異味和發霉。

456 請勿將不同種類的衣物防蟲劑混在一起

衣物防蟲劑有「樟腦丸」、「萘丸」等不同種類，但是絕對不可以將不同種類的防蟲劑混在一起使用。這些防蟲劑混合在一起會引起化學反應，與空氣接觸，防蟲劑會氧化出水。水分如果沾到衣服會留下斑痕。買了衣物防蟲劑記得仔細閱讀包裝上的說明，依照指示正確使用。另外，如果衣服上有亮片或刺繡等裝飾，注意這些裝飾部位不可以碰到防蟲劑。

457 衣服上發現蟲或蟲卵，記得用蒸氣熨斗燙熨

萬一在衣服上發現蟲或蟲卵，立刻用蒸氣熨斗的熱蒸氣燙熨，熱氣會讓蟲或蟲卵死去。之後別忘了再用刷子清除殘骸。

458 絲襪套在吸塵器上，對付被子上的跳蚤

無論如何曬或拍打，棉被上的跳蚤都不容易清除。尤其拍打只會粉碎跳蚤的殘骸，無法真正將跳蚤拍打出來。這時建議用吸塵器吸除。如果沒有棉被專用的吸頭，可以將絲襪套在吸塵器的吸頭上。如此一來，被子的布料既不會被吸起來，又可以去除跳蚤和灰塵。

絲襪套在吸塵器的吸頭上，可以輕鬆清潔棉被。

[3-6]

解決日常生活中的麻煩事

平日保養

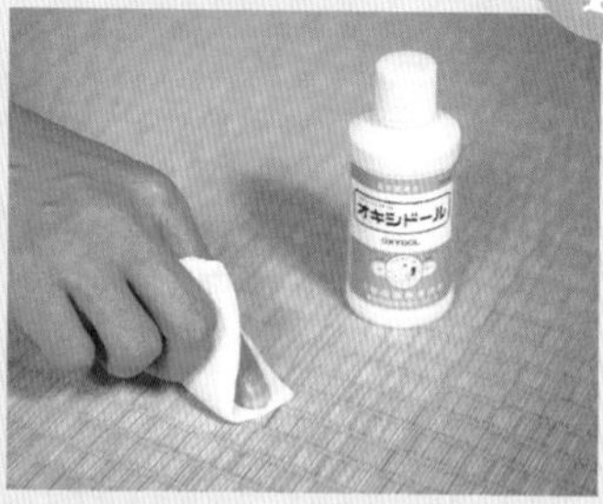
雙氧水滲透之後，焦黑的部位經過脫色就會變得比較不明顯。

459

雙氧水可以淡化塌塌米上的焦痕

雖然無法讓焦痕恢復原狀，但至少可以淡化黑色的焦痕。雙氧水具有脫色的功能，用紗布沾雙氧水，以拍打的方式塗在焦黑的部位，焦痕就會變得比較不明顯。再來只要用擰乾的布擦拭即可。

460

柱子、橫樑、木架等的釘痕可以用免洗筷塞住

釘子或螺絲拔掉之後留下的小洞，可以用免洗筷削成適合的粗細後剪下，長度約比洞深2公厘，然後用槌子敲進去塞住。如果表面凹凸不平，可以用砂紙（240號）磨平，再用水彩或蠟筆塗成與牆壁接近的顏色即可。

461

軌道門如果太滑，可以撒一點嬰兒痱子粉

如果軌道門太滑，開關時容易撞到柱子而發出巨響，十分惱人。這時可以撒一點嬰兒痱子粉，增加門與滑軌間的阻力。但如果撒太多，阻力變得過大，反而會讓軌道門滑不動，需要特別注意使用的量。

462

紙門的紙髒了，可以噴一點經過稀釋的漂白水

紙門泛黃，但紙沒有破，更換其實很麻煩。這時只要用1公升的水加1小匙漂白水、2大匙洗衣精，均勻噴灑在紙門上，紙就會變白。

只要噴灑漂白水，紙門就會變白。

463

帶殼的核桃可以修補木製家具上的傷痕

核桃去殼，用取出來的核桃輕搓木製家具上的傷痕，再用舊布擦拭磨光。重複幾次後會發現，傷痕竟然比較不明顯了。

柔軟精滲透後墊毛巾再以高溫熨斗熨燙。

464

蒸氣熨斗可以讓家具移動後留在地毯上的凹痕恢復原狀

用蒸氣熨斗的蒸氣熨燙地毯的凹痕，等到地毯被蒸氣弄濕，再用舊牙刷將地毯毛刷立起來，凹痕就不會那麼明顯了。如果凹痕太嚴重，可以將洗衣服的柔軟精加水稀釋，塗在凹痕四周，放置10分鐘。墊上2條毛巾，用高溫熨斗熨燙，之後再用牙刷將毛刷順即可。無論用哪種方式，只要重複幾次，地毯就可以恢復原狀。

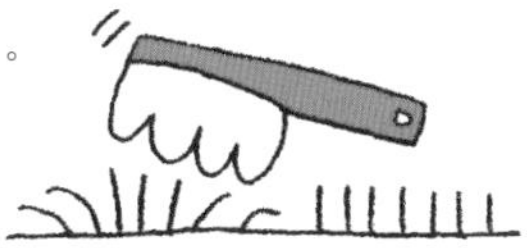
之後再用牙刷將毛刷起後順毛。

465

使用同色系的毛線掩蓋地毯上的傷痕

移動家具在地毯上留下的傷痕或是不小心燒焦的焦痕等，可以用同色系毛線進行修補。首先，配合痕跡的大小將毛線剪碎。接著用裁縫用的黏膠塗滿痕跡部位，再將剪碎的毛線埋進痕跡裡黏牢。黏膠乾了，再將突起的毛線剪成與地毯齊平即可。

房間除臭

466

噴灑消毒酒精可以去除寵物的味道

無論洗得再乾淨，貓和狗身上總有一股特殊味道，有客人來的時候總會有點不好意思。如果是喜歡動物的人也許可以忍受，但也有人並不是那麼喜歡動物，這樣的話就必須去除寵物的味道。另外，如果寵物在墊子以外的地方大小便，有時候擦拭也不見得能夠去除臭味。面對這樣的問題，只要到藥局買一瓶酒精用水稀釋，噴灑在房間內，就會發現寵物的味道不見了。

酒精＋水
喵
簡單除臭～

467

泡過牛蒡的水，可以有效消除廚餘的臭味

牛蒡屬於根莖類蔬菜，有很重的澀味，因此烹調前泡醋水是基本常識。泡過牛蒡的醋水大家都是怎麼處理的呢？大多數人都會倒掉吧。但只要將這個醋水放入噴霧器噴在廚餘上，就可以消除惱人的臭味。在廚餘容易發臭的夏天，大家一定要試試這個方法。

468

煙燻曬乾的橘皮，是最天然的芳香劑

吃完的橘子皮放在陽光下曬乾。在煙灰缸等耐熱容器內鋪上鋁箔紙，放上乾燥的橘子皮，直接點火，就會冒出帶有高雅香氣的煙，室內立刻飄出薰香般的香氣，惱人的異味頓時消失不見。也可以用香吉士或夏蜜柑替代，但乾燥前記得先去除白色纖維部分。

[3-7] 因・為・天・然・所・以・安・心

利用小蘇打粉隨時清潔居家環境！

小蘇打粉是目前當紅的天然素材，無論是打掃家裡、除臭，或是料理，甚至是皮膚保養，日常生活很多場合都可以派上用場。

小蘇打粉正式的化學名稱是「碳酸氫鈉」，也是烤蛋糕常用到的泡打粉的主要原料。

小蘇打粉是存在於自然界的無機物質，對環境和身體都不會造成傷害，可以安心使用，功效也很強大。

※要食用或使用在身體上時，請使用標明「藥用級」或「食用級」的小蘇打粉。（指導／岩尾明子）

廚房

471 小蘇打粉可以清潔IH調理爐上的污垢

IH調理爐的面板其實很髒。用水100毫升加小蘇打粉1杯攪拌成膏狀，塗在髒污處。用揉成一團的保鮮膜以畫圓的方式搓洗，髒污就會逐漸剝落。之後再用醋50毫升加水100～150毫升稀釋，噴上薄薄一層就萬無一失了。

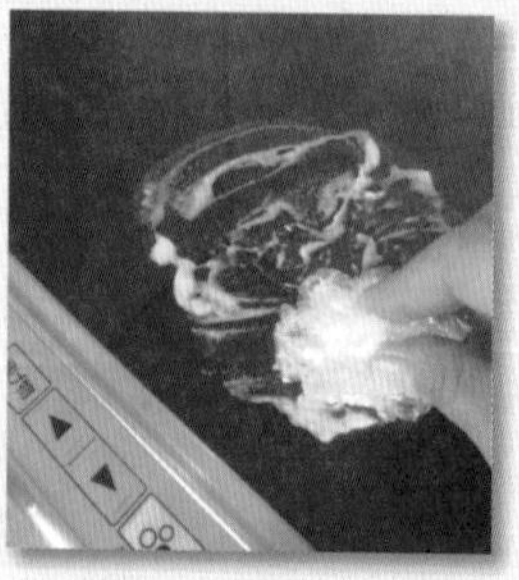

塗上調成膏狀的小蘇打粉，再用揉成一團的保鮮膜搓洗，就可以去除污垢。

472 撒一點小蘇打粉在廚餘桶上就可以除臭

在廚餘桶上撒1小匙小蘇打粉，就可有效預防廚餘的惡臭味。最好是每次倒掉廚餘後都再撒一次小蘇打粉。網子比較細的廚餘桶，如果髒污卡在網洞中，可以撒一點小蘇打粉用牙刷刷洗，最後再用清水沖，就可以洗得乾乾淨淨。

469 用水調勻小蘇打粉，放入海綿或抹布浸泡就可以除臭

1公升溫水加4大匙小蘇打粉在水桶裡充分調勻，將海綿或抹布放入浸泡一個晚上，就可以除臭。隔天早上只要用水沖洗曬乾就OK了。水桶順便也用小蘇打水沖洗，可以去除污垢。

470 烹調器具上的水垢和髒污可以用小蘇打粉清除

放在外面的湯瓢和磨泥器等不銹鋼烹調器具，表面很容易就變得黏黏霧霧的。1公升溫水加4大匙小蘇打粉充分調勻，烹調器具放入浸泡1小時，再用海綿搓洗，就可以洗得乾乾淨淨。

另外，銀製餐具用這個方法清潔也會變得亮晶晶。

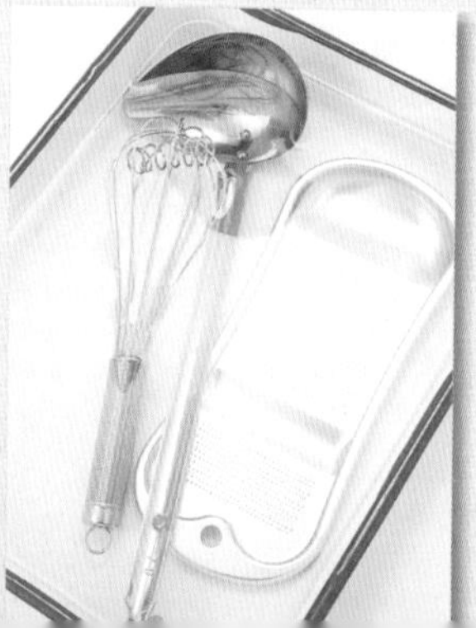

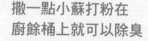

473

小蘇打粉讓冰箱內外都亮晶晶

1公升水加2大匙小蘇打粉調勻，抹布沾濕後擦拭冰箱的內部和外部。之後再噴上薄薄一層用醋50毫升加水100毫升的稀釋醋水，用擰乾的布擦拭即可。對付頑固的污垢，可以用溫水1公升加小蘇打粉4大匙調勻後塗在髒污處，放置10分鐘再用布沾稀釋2～3倍的醋水擦拭即可。橡皮壓條等細微部分可以用牙刷或棉花棒沾用小蘇打粉調勻的水搓洗，之後再用醋水擦拭乾淨。電子鍋、微波爐、麵包機等也可以用同樣方式清潔。

474

換氣扇上黏膩的油垢，浸泡後再洗更乾淨

換氣扇經過一段時間，上面會沾上許多油垢和髒污。想要把這些污垢清洗乾淨可是一門大學問。準備溫水2公升加小蘇打粉8大匙調勻後倒入大塑膠袋，換氣扇拆下來放進塑膠袋內。過一陣子油垢就會浮上來，之後用海綿刷洗，取出後再用熱水沖洗，最後用乾布將水分擦乾即可。

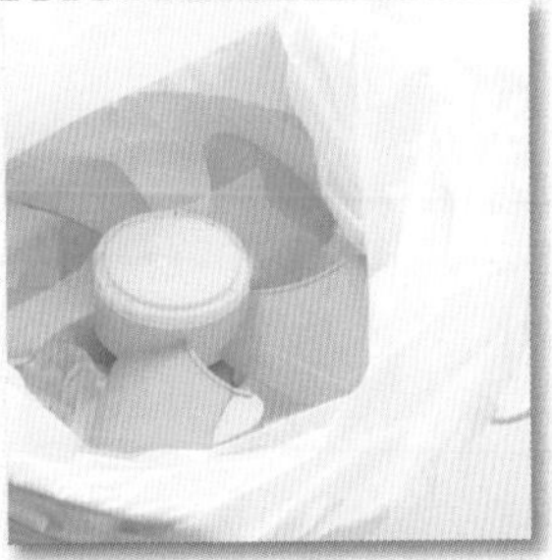
換氣扇泡在用小蘇打粉調勻的水裡清洗，可去除頑固的污垢。

475

清洗排水孔

排水孔是導致廚房散發難聞臭味的原因之一，這個問題也可以用小蘇打粉解決。200毫升醋放入耐熱容器內微波加熱2分鐘。1杯小蘇打粉倒進排水孔，再倒進剛才加熱的醋，就會發現排水孔開始冒泡。放置數分鐘後污垢就會浮上來，最後再用熱水沖洗即可。重複幾次後，你會發現不僅排水孔變乾淨，連水管都暢通無阻了。

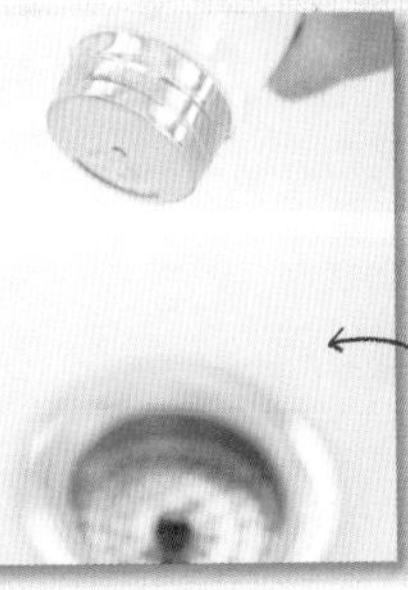
小蘇打＋醋可以去除排水孔的髒污和異味。

476

去除瓦斯爐架和瓦斯爐口上頑固的髒污

瓦斯爐架和瓦斯爐口附近很容易就因為油亂噴或溢鍋而變得髒兮兮的。首先用1：2的水和小蘇打粉攪拌成膏狀，用牙刷沾取後刷洗。之後再噴一點加了2～3倍水稀釋的醋水，小蘇打粉會中和，不會留下白色粉末。

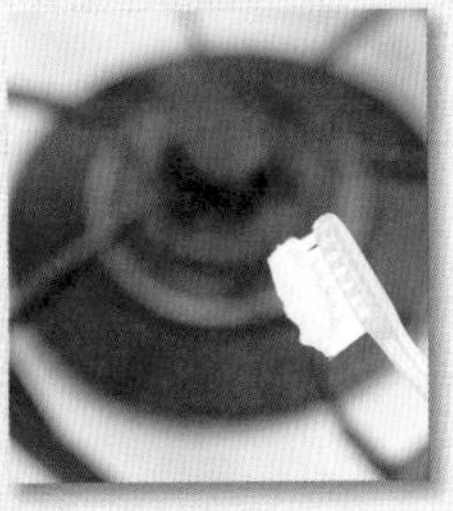

477

小蘇打粉還可以有效去除冰箱內的異味

在不加蓋的瓶子或箱子放入1杯小蘇打粉，放在冰箱的角落。上面蓋上紗布，這樣就算打翻，小蘇打粉也不會散落。約每3個月換1杯新的小蘇打粉，拿出來的小蘇打粉可以用來打掃廚房。

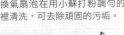

客廳·寢室

478 有霉味的毯子，撒一點小蘇打粉晾在陰涼處除臭

收在櫃子裡的毯子拿出來時，如果覺得有一股霉味，可以在毛毯上均勻地撒上小蘇打粉，捲起來放置2小時。之後撢掉小蘇打粉，晾在屋外陰涼處。平時可以將小蘇打粉裝在容器內放進衣櫃裡，可以有效預防異味&發霉。

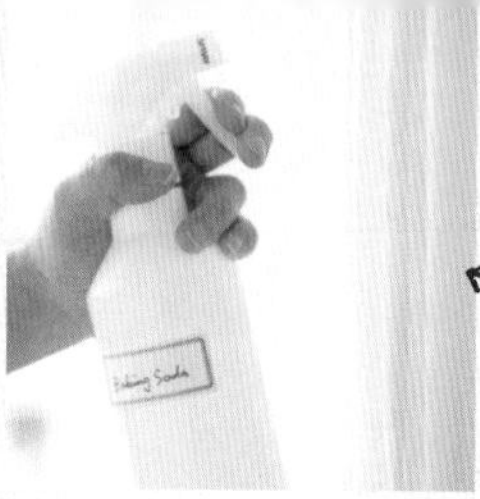

噴灑加了小蘇打粉的水可以除臭。

479 噴灑小蘇打水，可以去除布料上的異味

窗簾、布沙發，以及無法拆下清洗的抱枕和玩偶等，如何清洗這些布料上的灰塵和異味實在很令人傷腦筋。這時用水100毫升加小蘇打粉2小匙調勻放入噴霧器，均勻噴在布料上。晾乾之後，惱人的氣味就不見了。

480 在水裡加小蘇打粉，可去除加濕器所散發的霉味

加濕器收起來前如果沒有經過充分乾燥，下次使用就會散發一股霉味，感覺連空氣都變髒了。1公升水加1大匙小蘇打粉，倒入加濕器的儲水槽內，按照正常方式運轉，小蘇打粉的除臭效果便可以去除霉味。每次加水的時候都加一點小蘇打粉更安心。

481 小蘇打粉吊掛在衣櫃裡除臭

自己很難察覺衣物上的味道。衣櫃如果有異味，或是容易潮濕，建議用小蘇打粉除臭。用手帕包1/2杯小蘇打粉吊在衣櫃裡，臭味很自然就會消失。如果是抽屜，放在衣服上同樣有效。小蘇打粉就算沾到衣服，只要是棉或化學纖維材質的衣服都沒有問題。替換後剩下的小蘇打粉可以用來打掃。

482 空調的過濾網泡小蘇打水，清潔起來更輕鬆

空調或空氣濾淨機的過濾網泡小蘇打水，可以去除細小的碎屑和灰塵，又可以除臭。首先用吸塵器將大的灰塵吸乾淨，再用2公升水加8大匙小蘇打粉，將過濾網放入浸泡1小時，等髒污浮上來再用熱水沖洗即可。如果還有髒污卡在網子上，可以用海綿輕輕刷洗。

483 紙燈罩上的髒污，就交給小蘇打粉

燈罩上很容易積灰塵，但是又不能用水清潔，這時就是小蘇打粉表現的時候了。小蘇打粉均勻撒在燈罩上，用毛撢輕輕撢掉，就可以去除異味和灰塵。

對付不能水洗的燈罩，只要撒上小蘇打粉再用毛撢輕撢，就會變得乾乾淨淨。

日常生活

哇～～
怎麼這麼美呀！

484

梳子或刷子泡在加了小蘇打粉的溫水裡清潔

梳子很容易就沾上皮脂和灰塵，這時只要準備溫水1公升加小蘇打粉2大匙調勻。放入梳子，稍微清洗放置數小時即可。之後再用清水沖洗乾淨晾乾就完成了。然而，動物毛製成的梳子或是木柄梳子長時間泡在水裡可能會變色或變質，需要特別注意。

485

用小蘇打水擦拭觀賞植物的葉子，葉片更有光澤

翠綠的葉子是觀賞植物最大的魅力，暗沉無光的葉子可就不吸引人了。200毫升水加小蘇打粉1小匙調勻，用布沾濕擦拭每一片葉子。葉子就會恢復活力和鮮豔的翠綠色。

用加了小蘇打粉的水擦拭，葉子看起來更有活力。

486

用小蘇打粉清潔，兒童玩具更安心

清潔塑膠兒童玩具時，建議可以使用就算放進口中也安心的小蘇打粉。1公升水加2大匙小蘇打粉調勻，用布沾濕擰乾後擦拭玩具。對付頑固的髒污，可以將玩具泡在小蘇打水裡，用布擦洗後再用清水沖洗即可。

可以泡水的玩具浸泡在小蘇打水裡，就能清除頑固的髒污。

487

行李箱內撒一點小蘇打粉，就不會散發異味

行李箱或皮包等，如果不常使用，可以在內部撒一點小蘇打粉。小蘇打粉具有除濕和除臭的效果，下次使用就不用擔心會有臭味。使用前可以用吸塵器將小蘇打粉吸乾淨，如果嫌麻煩，可以用手帕將小蘇打粉包起來再放入，同樣有效。相同的方法也適用於睡袋或帳棚。

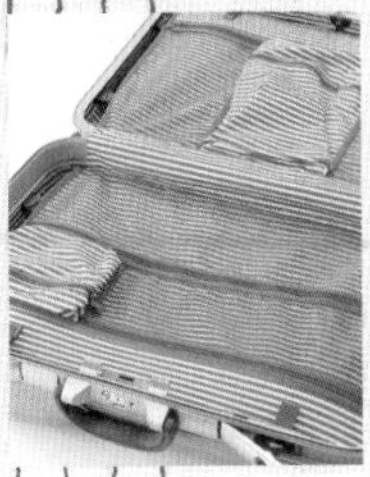

撒上小蘇打粉，下次使用就不會發出異味。

身體護理

488

小蘇打粉可以預防腳臭

用一塊大粉撲沾適量的小蘇打粉，直接拍在鞋子或腳上。小蘇打粉的除濕效果可以降低悶熱感，讓雙腳維持清爽。

489

用小蘇打粉去角質，可改善粗糙的皮膚

如果覺得皮膚粗粗的，可以用洗澡海綿加沐浴乳搓揉起泡後，撒1小匙小蘇打粉揉勻，小心不要消泡，以按摩的方式清洗全身。去角質前先泡澡讓角質層變軟，效果更佳。

可不能輸給我媳婦
光澤亮麗的肌膚

這裡還有！住的小知識

490 橡皮筋可以輕鬆去除累積在軌道門溝槽裡的灰塵。

491 麵粉可以搓掉貼紙撕下來後的殘膠。

492 棉花棒沾酒精，可以去除遙控器上的污垢。

493 吸力減弱的吸盤，清洗後沾熱水就會恢復吸力。

494 對付咖啡漬或紅茶漬，只要沾一點醋和酒精輕拍即可去除。

495 不小心沾到咖啡時，可以立即用不甜的碳酸水擦拭處理。

496 炭最適合用來去除鞋櫃的異味並可以防霉。

497 液體灑在塌塌米上，可以撒麵粉或小蘇打粉吸水。

498 土司可以去除門把上的手垢。

499 冷霜可以擦去玻璃上的蠟筆塗鴉。

500 抹布泡鹽水後擠乾，用來擦拭藤製家具可以預防變色。

501 水壺裡加水和小蘇打粉上下搖晃，可以去除異味。

502 在煙灰缸裡撒上小蘇打粉就可以去除香菸味。

503 插花的時候加一點小蘇打粉，可以延長花的壽命。

504 用報紙將吸水情況不佳的花包起來，在莖部切口處灑水。

505 在貓沙盆裡均勻撒上小蘇打粉，可以預防臭味。

506 放入半顆切開的馬鈴薯，就可以去除櫃子的臭味。

507 用香蕉皮內側擦拭皮沙發，沙發更有光澤。

508 將橡皮筋打個結，放在遙控器上來回滾動，就可以去除遙控器表面的髒污。

509 燒水的時候加1~2滴檸檬汁，就可以去除電水壺的水垢。

510 在家具和牆壁間加一片紙箱子，就可以達到除濕的效果。

511 可以用燒水壺的餘溫熨燙手帕。

512 用蠟燭塗抹畚斗，可以讓垃圾更容易滑落。

513 用醋水擦拭廁所的牆壁和地板可以減輕異味。

514 曬被子時，在被子上蓋一條黑布，可以加強陽光的吸收，效果更好。

515 燙青菜的水倒在雜草上，雜草就會枯萎。

516 只要在窗邊或門邊撒上肉桂粉，蜘蛛就不會靠近。

517 噴灑醋水有助於家庭菜園除蟲，並預防疾病。

518 寶特瓶裝熱水就成了簡易熱水袋。

519 沒有修正液的時候，可以貼郵票邊框多餘的白色部分替代。

520 玩偶放進塑膠袋內撒鹽，搖一搖玩偶就乾淨了。

521 球鞋的鞋帶先用水沾濕再綁就不容易鬆開。

522 寵物用的刷子套上絲襪再使用，之後的清潔更輕鬆。

523 防水家具可用小蘇打水去除上面的蠟筆塗鴉。

524 陽傘洗乾淨後將握柄朝上晾乾，金屬部位就不會生鏽。

525 撒一點止汗粉，塑膠傘就不會黏在一起。

526 外出時如果鞋子髒了，可以將報紙揉成一團擦拭。

527 麂皮鞋髒了，可以用橡皮擦輕刷。

528 白色球鞋只要撒上嬰兒爽身粉，就不容易髒。

529 放入2~3枚10元硬幣就可以去除鞋子的臭味。

530 牙刷+清潔劑可以用來清除壁紙上的原子筆污漬。

531 舊雜誌捲起來放進靴子裡，可以預防靴子變形。

Part 4
“衣的”
智慧百寶箱

掌握保養衣物的技巧，
衣服穿起來舒適又耐用。
這裡收錄的許多小技巧，
絕對會讓你暗自慶幸：
「還好我有跟著這麼做」！

Part 4
洗衣篇

[4-1]

提升效率不費力！洗得乾淨又不會傷害衣料的洗衣小祕訣

洗衣前的準備

532

容易纏繞在一起的袖子塞進衣服裡

襯衫等長袖衣物清洗時袖子很容易纏繞在一起，還得費番工夫拉出來。洗衣前只要將袖子塞進衣服裡，再扣起釦子，就可以預防這樣的狀況。圍裙或運動褲的繩子等綁起來再洗，就不容易纏在一起了。

袖子塞進衣服裡再放入洗衣機，衣服就不容易打結。

533

用馬鈴薯搓洗就可去除牛仔褲上的泥巴

牛仔褲等牛仔布料的衣物沾到泥巴，首先將衣物曬乾用刷子刷掉泥巴。放入洗衣機前，切一塊馬鈴薯，用切口或馬鈴薯皮搓洗髒污的部分，當中的澱粉可以有效去除污垢。

534

鹽可以有效預防棉質衣物褪色！

牛仔褲等染了深色染料的棉質衣物很容易褪色。擔心的話可以在清洗前泡水測試，如果會掉色，先將衣物泡在濃度高的鹽水再清洗。鹽具有安定染料的作用。水盆放水加1大匙鹽，牛仔褲浸泡一個晚上後清洗，就不容易褪色。另外，如果不和其他衣物一起清洗，也可以直接加鹽清洗（2公升水加中性洗衣劑2大匙、鹽3大匙）。

535

用家用清潔劑清洗沾滿泥巴的襪子

小朋友的衣服或襪子沾滿泥巴，用洗衣機很難一次洗淨。這時只要用家用清潔劑加溫水稍微清洗再放入洗衣機，泥巴就會比較容易洗淨。

536

衣物分類，避免髒污轉移！

不是很髒的衣物和很髒的衣物一起洗，髒污有可能會轉移。洗衣前記得分類，或是先將髒衣物手洗，再跟不是很髒的衣物一起放入洗衣機。容易褪色的深色衣服分開洗，也可以預防衣物染色。

537

領口和袖口的頑固污漬，先塗上小蘇打粉＋醋再清洗

白襯衫等衣物，最容易髒的地方就是領口和袖口。首先，小蘇打粉1/2杯加水50毫升攪拌均勻，直接塗在髒污處，靜置一段時間後再滴幾滴醋。等到髒污隨著氣泡浮上來再放進洗衣機清洗，就可以找回往日的潔白。

去漬

對付污漬的基本做法是在下面墊一塊布輕拍。

538 用拍打方式去漬是基本常識

無論是什麼樣的污漬，搓洗只會擴大污漬的範圍，讓污漬更難去除。洗衣前在污漬底下墊一條毛巾，沾少許經過稀釋的洗衣精，用另一塊布耐心拍打。布便會吸取污漬。然而，依照不同材質的衣物和造成污漬的原因，使用的洗衣精可能也不同。如果不確定，建議還是求助於乾洗店。

539 卸妝油可以去除化妝品的污漬

不需要送洗的衣物如果沾到口紅或粉底，可以借助卸妝油去除。牙刷沾少許卸妝油輕拍污漬處，等髒污浮上來，再依照一般洗衣程序清洗即可。

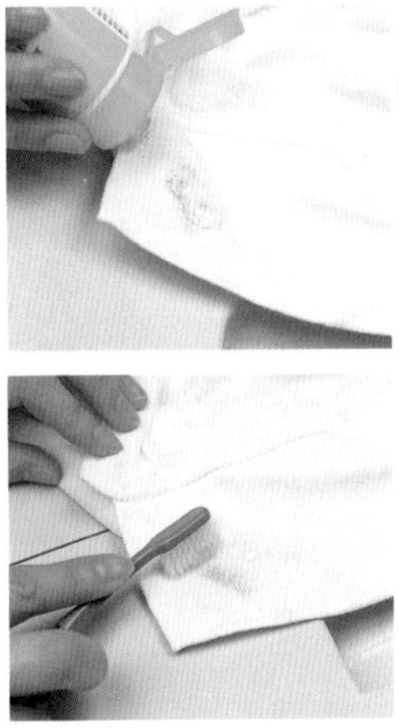
不妨試試用卸妝油去除化妝品的污漬。

540 衣服沾到生雞蛋，記得用冷水清洗

衣服沾到生雞蛋，請立刻用冷水清洗。用熱水清洗則蛋白質會凝固，反而不易洗乾淨，需要特別注意。用冷水沖洗之後，再依照一般洗衣程序清洗即可。

541 廚房清潔劑可以去除果汁的污漬

果汁是水溶性，如果果汁的顏色不深，只要在剛沾上的時候用水沖洗，基本上都可以洗淨。但如果留下污漬，可以在衣物下墊一條毛巾，沾一點加水稀釋的中性廚房清潔劑，再用舊毛巾輕拍吸水，千萬不要搓揉讓污漬擴大。另外，如果經過一段時間，污漬變成茶色，由於污漬屬於鹼性，可以利用沾了醋的布拍打加以中和，去除污漬。順道一提，一般的洗衣劑屬於弱鹼性，因此對果汁造成的污漬沒有太大效果。如果要用洗衣劑，最好用專門清洗高級衣物的中性洗衣劑清洗。

542 汆燙菠菜的水可去除醬油的污漬

汆燙菠菜後剩下的熱水，冷卻後可以用來清除不小心噴到衣服上的水性醬油污漬。用乾布沾一點汆燙水，輕輕拍打污漬的正反兩面。接下來只要用擰乾的布擦拭，會發現污漬不見了。這是因為菠菜的澀味成分中所含的草酸發揮作用所致。

543 廚房清潔劑可以去除食物的污漬

廚房清潔劑可以有效對付肉醬等含有油脂的醬汁。如果是可以用洗衣機清洗的棉質或化學纖維材質的衣物，可以將清潔劑直接倒在污漬上，從污漬的周圍朝向中心部位，用舊牙刷輕拍。接下來只要依照一般洗衣程序清洗即可。

水性污漬可以用汆燙過菠菜的水去除。

洗衣機

544

骯髒厚重的衣物放進洗衣機

一般洗衣機越接近底部，水流越強，可以有效去除髒污。先將耐洗且較髒或是較厚重的衣物放進洗衣機，可以洗得更乾淨。

先放髒的牛仔褲，再依序放入質料輕的棉質T恤，清洗更有效率。

545

棉質的貼身衣物如果發黃，可以泡40℃熱水，再放入洗衣機清洗

肌膚的皮脂會附著在貼身衣物上，氧化之後會讓衣服發黃。市面上雖然也有賣專用的漂白劑，但以下的方法也非常有效。首先在盆子裡放入40℃（大約是泡澡的水溫）的熱水，加入適量的洗衣精，貼身衣物浸泡1小時候再依照一般洗衣程序清洗，便可以去除黃斑。水溫過高，蛋白質反而會凝固，40℃左右的水溫剛剛好。

衣物浸泡在與泡澡的水溫相同的溫水裡，可有效去除皮脂造成的泛黃污漬。

546

如果你以為洗衣精越多洗得越乾淨，那就大錯特錯了

不是什麼東西都是越多效果越好。加了過多的洗衣精，就算洗程結束，洗衣精還是會殘留在衣物上，是傷害衣料的原因之一。洗衣的時候，洗衣精和水的比例十分重要。洗衣前仔細閱讀洗衣機面板或洗衣精包裝盒上的說明，依照指示的份量洗衣。另外，有人會在洗衣的中途追加洗衣精，這其實是沒有用的。洗衣精在髒水裡無法發揮效果。

547

黑襯衫如果褪色，不妨在水裡加一點啤酒試試看

黑色衣服洗過幾次之後容易褪色。這時不妨在洗衣水裡加一點啤酒（5公升水加啤酒350毫升），浸泡一段時間後稍微沖洗，脫水後曬在陰涼處，就可以回復原色。雖然啤酒有一點可惜，但如果可以救回心愛的衣服，也值得了。

548

刷毛衣物放進洗衣網再清洗

柔軟輕盈的刷毛是人氣衣料，但不耐摩擦，而在家裡以洗衣機洗，容易變形起毛球。刷毛衣翻過來摺好放入洗衣網，選擇手洗洗程清洗，就可預防衣物變形和起毛球。

549

尼龍襪子反過來清洗，就不容易起毛球

尼龍襪子放入洗衣機清洗很容易起毛球，但只要反過來再放進洗衣機就沒問題。絲襪也建議反過來清洗。

550

寶特瓶放進洗衣機一起清洗，衣服更乾淨

在500毫升的寶特瓶裡裝入2/3的水，放入洗衣機一起清洗。如此可以改變水流，污垢更容易脫落。這個方法的重點在於寶特瓶裡的水量。裝入2/3的水，讓寶特瓶的底部可以浮出水面。

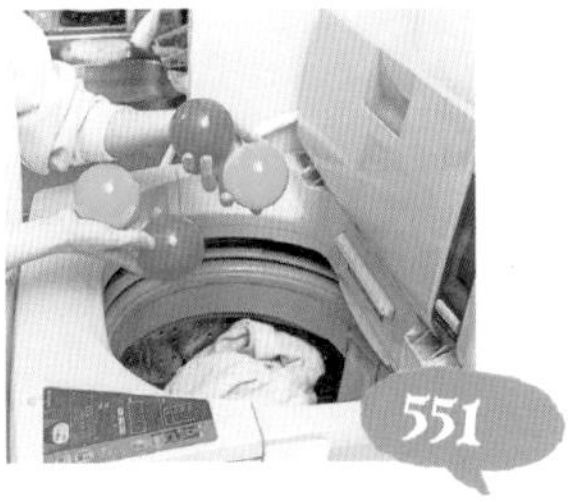

玩具球放入洗衣機內，衣物就不易打結。

551

放入玩具球一起清洗，衣物不會打結且洗得更乾淨

脫水後衣物打結，得花費很大力氣才拿得出來。這時不妨向孩子借擦乾淨的玩具球。只要放入3～4顆球，不可思議地，衣物既不會打結也不會皺，還可以洗得更乾淨，可說是一舉兩得。

552

絲襪泡過醋水就不容易脫紗

絲襪洗乾淨之後泡在醋水裡就不容易脫紗。這是因為醋會使得絲襪更加柔軟。浸泡在淡的醋水（1公升水加醋1大匙）中2～3分鐘，輕輕擠乾後晾在陰涼處。

553

不要將上過漿的衣服放進烘乾機內

上過漿的衣服放進烘乾機內，衣漿會黏在烘乾機內部或濾網上，容易造成烘衣機故障。放進烘乾機後，衣漿的效果變得不明顯，因此不要放入烘乾機內，直接晾乾即可。

家具・小物

554

沖洗絲質衣物時加一點檸檬汁，衣物更柔軟

用鹼性洗衣精清洗絲質衣物，衣物容易變硬。最後沖洗時只要加一點檸檬汁，衣物就會變得柔軟蓬鬆。沒有檸檬，醋或檸檬酸也OK。

555

在盆子裡手洗絲質的薄襯衫

絲綢等高級材質的衣物，不論搓洗或揉洗都會改變材質的質地，建議還是用手洗。握住襯衫的中心部位，在洗衣精中前後左右擺動，沖水時也用同樣方式進行。

絲質衣物放在盆子中央前後左右擺動清洗。

556

羊毛製品沖水時，在水裡加2～3滴橄欖油，衣料更柔軟

羊毛屬於天然材質，含有適量的油分，洗衣時會洗去油分，衣物感覺沒有那麼柔軟，有時甚至會擦傷皮膚。手洗毛衣或圍巾等羊毛製品時，最後在清水裡加2～3滴橄欖油幫助羊毛補充油分，讓質地更柔軟。沖水後依照正常方式將水擠乾，晾在陰涼處即可。

最後用清水沖洗羊毛衣物時滴幾滴橄欖油，衣物更柔軟。

557

容易褪色的衣物可以用米糠手洗

米糠可防止衣物褪色，如果擔心絲巾會褪色，不妨用米糠清洗。米糠放入袋子裡泡熱水，衣物放在白色的熱水裡輕輕按壓清洗，最後再用溫水沖乾淨即可。

晾乾

558 晾牛仔褲時，將褲子撐開夾在曬襪架上晾乾

晾牛仔褲等質地厚重的衣物時，將衣物反過來，撐開腰部部位用曬襪架的夾子夾住，這樣比較透氣，也較快乾。褲子反過來，口袋的縫線部分也比較容易乾。

559 大人和小孩的衣服交錯晾曬，是不變的鐵則

厚重衣物全部曬在一起，衣物不容易乾。厚的衣物和薄的衣物，或是大人的衣物和小孩的衣物交錯晾曬，衣物比較容易乾。

鐵衣架折出彎度，通風好，衣物更快乾。

560 鐵衣架折出彎度，有助於通風

用鐵衣架曬厚重衣物時，抓住衣架兩端折出彎度，可以增加透氣度，讓衣物更快乾。

561 上了漿的襯衫倒著曬，領口和袖口更挺立

上了漿的襯衫倒著晾，水分會集中在上了衣漿的領口和袖口，乾了之後更挺立，熨燙也更輕鬆。

562 毛衣攤在平台上晾乾，可避免毛衣變形

毛衣等容易變形的衣物掛在衣架上晾乾，水的重量會拉長衣物，讓衣物變形。如果沒有專用的平台，可以攤在曬襪架或浴缸蓋上，或是在棧板上鋪一條毛巾晾乾。

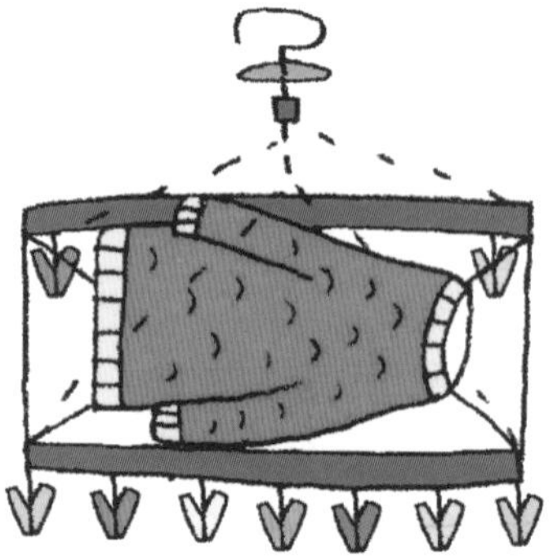

為了防止毛衣變形，可以將毛衣攤平在曬襪架上晾乾。

563 衣架外側曬襪子等小物，內側曬毛巾等

用圓形曬襪架曬衣物時，如果將毛巾等厚重的衣物曬在最外側，內側則不通風，比較不容易乾。將襪子或手帕等質料輕的衣物曬在外側，而會阻礙通風的大型衣物曬在內側，衣架內外側都通風，衣物也比較快乾。

564 有帽子的衣物，倒著曬更快乾

曬帽T等有帽子的衣服，如果將帽子朝上，會與衣領部分交疊，不容易乾。將衣服倒著曬，讓袖子自然垂下，則更快乾。

565 曬浴巾或床單時，記得用兩根曬衣桿把衣物撐開

曬浴巾或床單等比較長的衣物時，可以使用兩根曬衣桿將衣物撐開，加快晾乾的速度。

566

衣服晾在屋內，可以善加利用空調的乾燥功能

在潮濕的下雨天，很多人會把衣服晾在屋內，這時可以善加利用空調的乾燥功能或開送風。晾的時候將衣物朝向出風口，除了可以為室內除濕外，衣物也更快乾。質料較厚的衣物可以直接晾在出風口附近，讓風直接吹在衣物上。

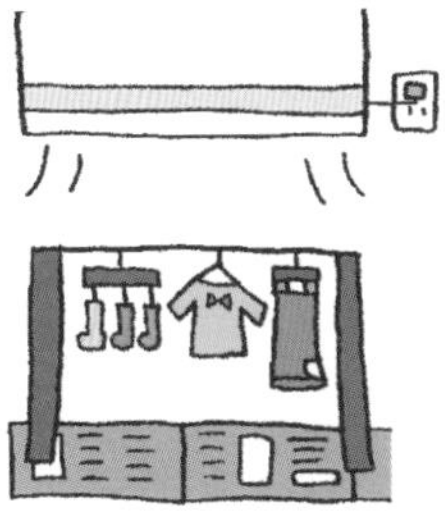

除了需要省電的夏季，平時可以善用空調的乾燥功能除濕兼乾衣。

567

報紙捏皺鋪在衣物下，可以降低室內濕氣

衣物晾在室內時，只要在衣物下鋪幾張報紙，報紙就會吸取濕氣，衣物也更快乾。報紙捏皺再攤開更容易吸取濕氣，並降低室內濕氣。

捏皺的報紙鋪在衣物下，衣物更快乾。

568

乾毛巾與濕衣服一起放入烘乾機，衣物更快乾

只需要在烘乾機內放一條乾毛巾，乾毛巾就會吸取濕衣服的水分，縮短乾燥時間。

569

晾衣時，先用手拍打皺褶處再晾曬

衣物脫水後直接晾乾，會留下洗衣時造成的皺褶，燙衣時非常麻煩。晾衣時只要用雙手夾住衣物拍打，就可以消除大部分的皺褶。襯衫等衣物基本上是攤開後拍打，但如果是手帕，折成四折拍打後直接晾乾，這樣比熨燙後再摺疊來得輕鬆。

570

急著烘乾的小物，放進塑膠袋用吹風機吹

手帕或內衣等質料薄的衣物，急著烘乾時可以放入塑膠袋用吹風機的溫風吹。一邊吹一邊上下左右搖晃塑膠袋，吹風機的熱能更可以均勻流動，效果更佳。不過，吹的時間千萬不可過長。

571

白色衣物長時間日曬容易發黃，需要特別注意

就像白紙一直放在陽光下會發黃一樣，衣物纖維也會因日曬而變黃。另外，使用螢光增白劑等染料的衣物，經過日曬後有可能會變色。造成發黃主因的皮脂徹底洗淨後晾乾，乾了之後立刻取下才是正確做法。重要的衣物建議還是放在陰涼處晾乾比較保險。

572

被套或蓋毯折成三角形，晾曬更快乾

曬被套或蓋毯時如果有足夠空間，可以沿著對角線對折成三角形晾在曬衣桿上，這樣更快乾。因為水滴會集中在三角形的角部，脫水快，自然就更快乾。如果質料比較厚，中途翻面效果更佳。

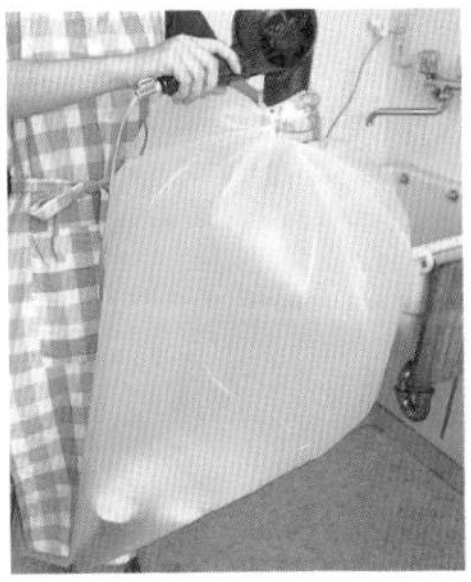

放入塑膠袋內用吹風機的溫風吹，可以急速烘乾。

熨燙

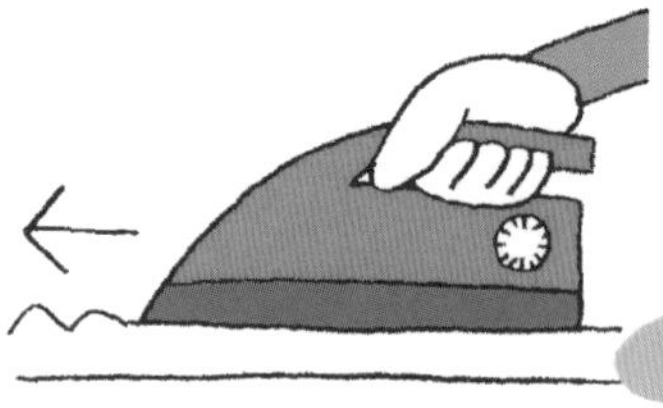

燙衣時保持同一個方向，就不會出現不必要的皺褶。

573

燙衣時保持同個方向，就不會留下燙衣痕

你是否也曾在燙完衣服後，發現衣服上留下不必要的燙衣皺褶呢？來回移動熨斗會拉扯衣物，反而容易留下不必要的皺褶。朝著一個方向燙過後，記得將熨斗拿起回到原點再燙，保持同一個方向。

574

燙領帶的時候，記得提起熨斗

燙領帶時，記得提起中溫的蒸氣熨斗，用蒸氣燙平領帶上的皺褶。這時如果水箱內的水是髒的，可能會留下污漬，因此記得每次都要換水。另外，領帶的表面多半是絲質，如果直接用高溫熨燙，反而會傷害布料。因此燙的時候一定記得墊一塊布。

575

化學纖維、棉、麻用乾燙，羊毛、針織衫用蒸氣燙

希望燙得挺直的棉或麻質襯衫，噴一點水後用熨斗乾燙才是正確做法。至於重視觸感的羊毛或針織衫，先將衣物的形狀整理好，再用蒸氣熨燙。

576

趁著半乾的時候熨燙，襯衫更平整

趁著襯衫質料較厚的領口和袖口還是濕的時候熨燙，可以更輕鬆燙平皺褶。如果襯衫已經完全乾了，墊一條濕布熨燙，也可以達到同樣效果。

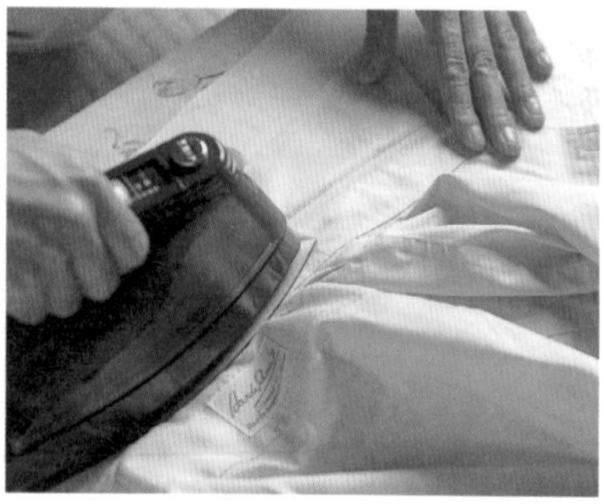

趁著襯衫半乾的時候熨燙，領口和袖口更挺立。

577

用蒸氣熨斗燙衣時最好使用有支架的燙衣板

蒸氣熨斗是利用蒸氣的力量燙平皺褶，如果只墊著坐墊或厚毛巾燙衣，蒸氣無處可逃，會囤積在衣物當中。建議用底下有支架的燙衣板，至少有１０公分左右的高度即可，讓蒸氣可以散去。

使用蒸氣熨斗時，記得在燙衣板和地板間留一點空間。

578

噴一點水放入塑膠袋靜置一段時間，可以輕鬆去除頑固皺褶

燙衣時經常會發現怎麼燙也燙不平的頑固皺褶。這時可以在皺褶部位噴一點水放入塑膠袋靜置1小時，讓濕氣充滿整件衣服後再用熨斗熨燙，就可以輕鬆去除頑固的皺褶。

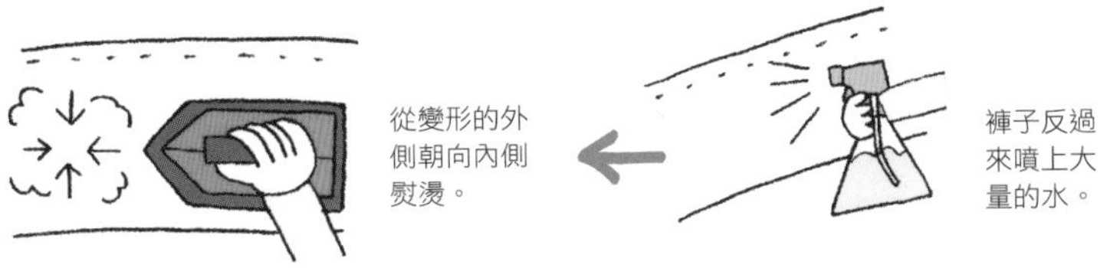

從變形的外側朝向內側熨燙。
褲子反過來噴上大量的水。

579

褲子的膝蓋部位變形，可以噴一點水修復

衣物的手肘和膝蓋部位經過一段時間如果變形，可以利用熨斗補救。首先將衣物翻到反面，在變形部位噴一點水。接著用熨斗將鬆掉的布料從外側向內側集中整燙，便可以讓變形處恢復原狀。之後再翻回正面，熨斗以按壓方式整形即可。這時的重點在於千萬不要再來回移動熨斗。

580

醋水可以解決熨斗阻塞的問題

蒸氣熨斗的出氣孔有時會因為水中含有的次氯酸鈣成分而阻塞。如果發現出氣不順，可以在水箱裡滴4～5滴醋再打開開關。等到蒸氣的出氣狀況恢復正常後將醋水換成清水，再打開開關。平時多清洗水箱可以預防阻塞。

小配件的保養

581

中性清潔劑清洗眼鏡

每天都要使用的眼鏡，就算用眼鏡布也不可能把每個角落都擦拭乾淨。如果覺得眼鏡太髒，或是霧霧的擦不乾淨，可以加一點廚房用的中性清潔劑在溫水裡，將眼鏡放入後用紗布等以擦拭的方式清洗。鏡框和鏡片間的細縫，可以用牙刷輕輕刷洗。洗完之後用擦手布等毛屑少的布擦乾，最後再用眼鏡布擦拭，眼鏡就會像新的一樣亮晶晶。

582

利用毛線去除髮梳上的灰塵

灰塵總是容易堆積在髮梳的根部，就算用水洗也不容易洗淨。這時只要在梳齒間放幾條毛線，握住毛線兩端搓刷，就可以去除上面的灰塵。重點在於縱向和橫向雙向都要搓刷。

583

嬰兒油可以讓亮面包更有光澤

有光澤的亮面製品很容易就會沾到指紋或髒污。保養亮面包最好用專用乳液擦拭手垢或髒污。沒有專用乳液，也可以用冷霜代替。如果想增添光澤或對付細小皺褶，可以用布沾一點嬰兒油塗上薄薄一層，最後再用軟布擦拭。低溫會讓亮面製品變硬，因此最好避免收納在溫度低的地方。

584

皮手套用中性清潔劑洗乾淨再塗上護手霜更有光澤

為了避免手套變形，洗的時候將手套套在手上，放入加了中性清潔劑的溫水裡清洗。洗完之後用清水沖淨，再用毛巾吸水。將手套脫下後維持形狀，放在陰涼處晾乾。趁著手套半乾的時候塗上已經不用的乳液或護手霜，讓手套吸收，如此便可以預防手套乾了之後變硬。

[4-2]

從基本做起！衣服的摺法&收納法

摺衣服

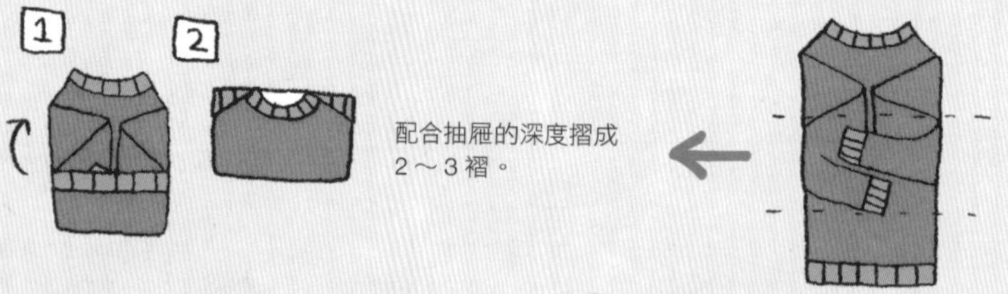

肩膀和袖子摺到中央，
注意袖子不要重疊。

585 毛衣或運動衣的袖子摺到中央，使厚度均等後再摺

質料厚的襯衫、毛衣及運動衣等，隨便亂摺的話會因為凹凸不平造成厚度不均，不僅不方便放入衣櫃或收納箱，也會浪費空間。要解決這樣的問題，摺衣服時可以從肩部開始將袖子部位摺到中央。摺的時候兩隻袖子盡量不要重疊，如上圖般左右交叉。之後再配合抽屜或收納箱的大小摺成2～3褶，就可以保持相同的厚度，衣服也不容易起皺。

586 在外套的肩膀和袖子部位塞毛巾預防變形

外套最好是吊掛收納，但如果要摺起來收納，必須注意不要讓外套變形。首先，為了預防肩部塌陷，可以塞毛巾。另外，在摺疊的袖子部位夾一條毛巾則可以防皺。穿之前2～3日拿出來掛在通風處，再用蒸氣熨斗燙平皺褶。

587 裙子摺起來放抽屜時記得夾毛巾

摺疊暫時不穿的裙子，只要夾一條摺成2～3褶的毛巾就可以預防皺褶。另外，將用完的保鮮膜紙芯放在折疊處也可以預防皺褶。

588 摺內衣的重點是「體積小&容易拿取」

想維持內衣褲的形狀，並節省收納空間，就要將內衣褲摺得小小的。另外，收納後拿取方便也是一大重點。摺內褲的時候，首先直向將內褲摺成三褶再由下往上捲起來，直立放入抽屜。至於內衣，在中央部位將罩杯重疊，注意保持罩杯的形狀。肩帶放入罩杯反面向上，直立放入抽屜內。

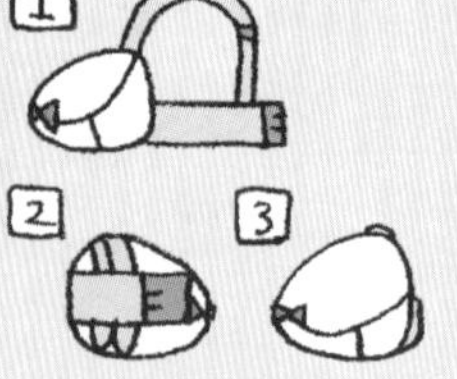

▲ 內衣對半摺疊，再將肩帶放入罩杯內。

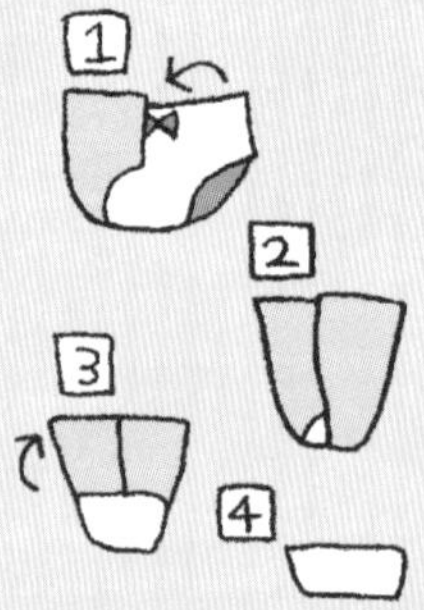

▲ 內褲直向摺成三褶後再捲起來。

衣櫃收納

毛巾架最適合用來收納領帶。

589 毛巾架最適合用來整理領帶

在衣櫃內側櫃壁上掛一個附有2～3支橫桿的毛巾架，方便用來收納領帶、皮帶以及絲巾等。每樣物品既不會相互重疊，挑選時也一目瞭然。橫桿末端有止滑設計，掛在上面的物品就不會滑落。如果還是會滑落，可以將廚房紙巾裹在衣架上。

590 上下交錯吊掛褲子，可以增加收納量

如果每條褲子都是夾住褲腰吊掛，褲腰的厚度很快就會占滿上面的空間，而下面卻還是空空的。如果是有夾子的衣架，一半的褲子夾住褲腰，一半的褲子夾住褲腳，交錯吊掛就可以省下1/3的空間。

厚重的褲腰倒掛，與正常吊掛的褲子交錯放入衣櫃，可以節省許多空間。

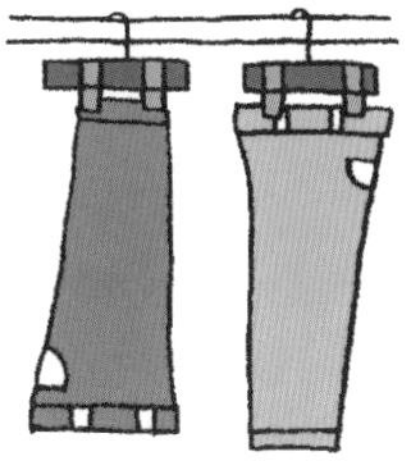

591 根據衣物的長度依序吊掛，可以有效利用空間

衣物的長短不一，如果任意吊掛，無法有效利用衣櫃下半部的空間。依照外套、連身洋裝等衣物的長短吊掛，則可以在短外套下方放收納盒，有效利用空間。

依照衣物長短吊掛，在短衣服的下方就會多出收納空間。

592 常穿的衣服掛在門邊

經常穿的衣服吊在衣櫃一打開門就可以清楚看見並方便拿取的地方。非當季或是喜慶致喪時才會穿的衣物則掛在衣櫃深處。衣服掛在衣架後，朝同一個方向掛進衣櫃，拿取時更方便。

593 吊掛衣服時，一定要把釦子或拉鍊拉好

如果偷懶沒把外套的釦子扣上，或沒有把連身洋裝的拉鍊拉上就直接掛進衣櫃裡，下次要穿的時候，衣物有可能已經變形，或者在意想不到的地方留下皺褶。釦子扣好，調整衣架剛好服貼衣服的肩膀位置等等，都是吊掛衣服的基本原則。

594 舊襯衫可以用來當防塵套使用

長時間掛在吊衣桿上的衣服容易累積灰塵，或是因為日曬而受傷，但購買防塵套又得花一筆錢。這時不妨將舊襯衫回收再利用。只要剪掉男士襯衫的袖子部位，開口縫合就完成了。套在重要的衣物或外套上，扣緊襯衫的釦子，就可以阻絕灰塵。

這裡還有！衣的小知識

595 過季的衣服放進行李箱收納，取出時更方便。

596 可以將不易起皺的衣服捲起來放進抽屜收納。

597 收納時參考抽屜的深度和寬度，可以提升效率。

598 在衣架頸上掛S鉤，可以增加2～3倍的收納量。

599 舊的緊身褲裹在衣架上，衣物就不容易滑落。

600 購買多雙相同的襪子，就算一隻襪子破了，也不會浪費。

601 如果釦子快掉了，可以塗上透明指甲油救急。

602 縫衣服的時候如果針掉了，可以用磁鐵找。

603 手縫時使用的線，長度約是希望縫製長度的1.5倍。

604 襯衫放入抽屜收納時，記得將領子錯開擺放。

605 衣服收起來前，記得先用刷子刷掉衣物上的灰塵。

606 備用的釦子和布統一放在文件夾裡保管，要找的時候就很方便。

607 塞太多衣物會讓防蟲劑的效果減半。

608 衣服上有毛屑或線頭，可以用蔬菜網等網子去除。

609 在牛仔褲的大腿內側塗上肥皂，可以延長使用壽命。

610 在雨衣上噴防水噴霧，雨水就不會附著在雨衣上。

611 牛仔褲如果褪色，只要和新的牛仔褲一起洗，顏色就會恢復。

612 垃圾袋開一個洞，套上衣架就成了防塵套。

613 皮革製品如果濕了，擦乾後放在陰涼處晾乾。

614 脫紗的絲襪最適合用來綁舊報紙。

615 用浮石輕刷，就可以去除襪子上的毛球。

616 在嬰兒的襪子底部縫幾條橡皮筋，就可以止滑。

617 手洗衣物時，先用溫水將洗衣精調勻後再放入衣服。

618 鞋子上的泥巴，只要在溫水裡加一點家用清潔劑，就可以洗掉。

619 送乾洗前，先將裝飾用的釦子拆下來更安心。

620 用橡皮筋將襪子綁起來再洗，襪子束口不容易鬆掉。

621 衣服上如果有摺痕，只要掛在浴室一個晚上就會不見。

622 剛買回來的衣服如果有殘餘的貼紙黏膠，用醋搓洗就可以去除。

623 對付放置一段時間的醬汁污漬，將衣物泡糖水後拍打即可。

624 清洗前先用檸檬水拍打，就可以去除襯衫上的汗漬。

625 在蒸氣熨斗的水箱裡滴一滴香水，香味更持久。

626 太緊穿不進去的球鞋翻倒後再穿，就會比較好穿。

627 用沾了牛奶後擰乾的布擦拭皮製品，可以讓皮製品亮晶晶。

628 大衣袖口的污漬，只要用揉成圓球狀的土司搓揉就可以去除。

629 毛筆的墨水沾到衣服上，可以用飯粒搓揉。

630 冰箱除臭劑和衣物一起放進塑膠袋內，就可以去除衣服上的臭味。

631 去除衣服上沾到的口紅，可以塗一點奶油，等到油分浮上來就會比較好清潔。

632 衣服沾到原子筆，可以用布沾醋拍打。

633 衣服沾到染髮劑，可以用指甲的去光水去除。

634 衣服沾到鐵鏽，先用檸檬搓揉再清洗。

635 用蒸氣熨斗燙絲質羊毛衣物時，記得將衣物翻面。

636 一次熨燙大量衣服，比分多次熨燙更省電。

Part 5

“健康&美容的”智慧百寶箱

借助老奶奶的智慧，
常保青春活力！
這章介紹的都是利用身邊的東西
馬上就可以放心實踐的
小智慧。

Part 5
健康篇

[5-1]

讓全家人精力充沛，活力十足！維持身體健康的小智慧

預防感冒

637 外出回來，記得用醋＋鹽水漱口

杯子裡放入醋1.5小匙和鹽1/2小匙，加水或溫水至六分滿，攪拌均勻後用來漱口。鹽的消炎效果和醋的抗菌效果可以消滅引起感冒的病菌。在天氣乾燥的季節，建議養成每天漱口的習慣。

638 蛋酒是對付初期感冒的特效藥

感覺受了風寒，不妨試試這個前人的智慧。鍋子裡放入日本酒180毫升，開中火加熱，沸騰後讓酒精揮發，加入一顆打散的蛋，迅速攪拌，等到有一定的黏稠度後關火，蛋酒就完成了。記得要趁熱喝。

639 對付初期感冒，可以喝柚子水暖身

香柚加水以小火煮到水分剩下一半為止。

感冒初期最好保持身體溫暖，並多攝取維生素C。日本香柚連皮切成適當大小，取10克加入水500毫升開小火煮，直到水分剩下一半為止。用廚房紙巾過濾後慢慢喝下，可以感覺到身體從裡面開始暖和起來。如果不喜歡這個味道，可以加一點蜂蜜，保持喉嚨濕潤。

640 紅辣椒綁在喉嚨上可以減輕喉嚨疼痛

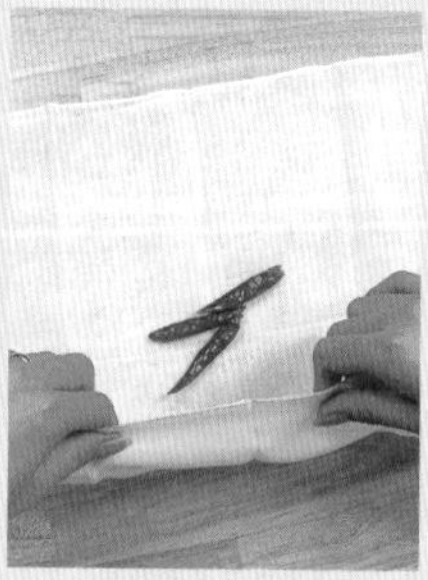
用布將辣椒包起來綁在喉嚨上可以促進血液循環。

因感冒而喉嚨痛時，可以試試這個方法。紅辣椒有讓身體暖和的功效，取2～3條紅辣椒用布包起來綁在喉嚨上，休息一段時間之後，辣椒的辣椒素會促進血液循環，逐漸減輕疼痛。但因刺激性強，這個方法只推薦給大人使用。

641 水梨汁可改善因嚴重咳嗽引起的喉嚨痛和聲音沙啞

對付因嚴重咳嗽而引起的喉嚨痛和聲音沙啞，水梨汁最有效。把皮削掉之後磨成泥，用紗布包起來後擠汁。可在水梨汁中加入蜂蜜，喝起來就像糖漿一樣，小朋友也會喜歡。如果咳嗽不停，可以試試在水梨汁中加入蓮藕汁。

642

檸檬蜂蜜水含有維生素&礦物質，有助於治療感冒

蜂蜜的礦物質含量豐富，可保養喉嚨，和維生素C含量豐富的檸檬是最佳拍檔。檸檬洗淨切片放入保存容器，加入蜂蜜蓋過檸檬片，放置一段時間，讓檸檬的精華全數釋出到蜂蜜中。檸檬蜂蜜水可以直接當作飲品飲用，加水或熱水也OK，就連小朋友也愛喝。在感冒流行的季節，可以多做一點備用。檸檬片放進紅茶飲用也很美味。

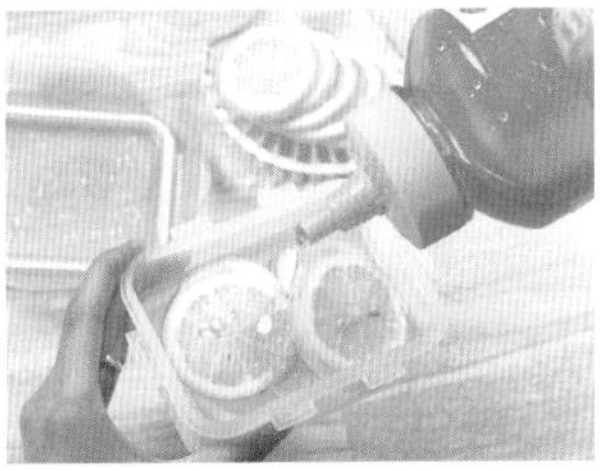

多補充礦物質 & 維生素 C 可強化體質，避免感冒。

643

加了鹽的綠茶可以解決鼻塞問題

泡一杯200毫升的濃綠茶放涼，加入一撮鹽，用這個茶水來洗鼻子，就可以解決鼻塞問題。不擅長洗鼻子的人可以用化妝棉沾茶水輪流塞入一邊的鼻孔裡。這樣鼻子就會通了。

綠茶加鹽用化妝棉沾濕塞入鼻孔裡，就可以解決鼻塞問題。

644

紅蘿蔔泥可以加強喉嚨黏膜的抵抗力

為咳嗽而苦的人不妨試試紅蘿蔔汁。紅蘿蔔磨成泥擠出2～3大匙的紅蘿蔔汁喝下。紅蘿蔔可保護支氣管黏膜，提升免疫力，容易得支氣管炎或容易感冒的人，最好養成喝紅蘿蔔汁的習慣。

645

馬鈴薯＋綠色蔬菜＋麵粉製成貼布，可對付突如其來的發燒

綠色蔬菜和馬鈴薯等鹼性蔬菜具有吸熱的效果。突然發燒而手邊沒有藥品的時候，可以用廚房裡的這些蔬菜救急。小松菜或菠菜等蔬菜磨碎，加入磨成泥的馬鈴薯和麵粉攪拌至如湯圓般的麵團。麵團擀成2公分厚，用兩層紗布包起來放在額頭上。乾了之後再換一塊新的。

646

用加了蒜片的水漱口，可緩解喉嚨痛

杯子裡放水，加入2～3片蒜片浸泡，再按照平常的方式漱口。雖然有一點辣，但正是這個辣味成分可以殺菌，改善喉嚨痛的問題。

用加了蒜片的水漱口可以減輕喉嚨痛的症狀。

647

蓮藕可以有效對付一連串的咳嗽和喉嚨刺痛

蓮藕洗淨後連皮一起磨成泥，再用紗布包起來擠汁，喝下去頑固的咳嗽就會停了。蓮藕含有的單寧具有收斂性，可以抑制肺部分泌多餘的水分。蓮藕在藥膳中也被當作是潤肺的食材，對於支氣管炎和輕微的感冒也很有效。

肚子的健康

648 每天吃優格可以改善「排氣」的味道

排出臭屁與吃的食物無關，而是代表腸道裡的壞菌增加，有害物質可能囤積在腸內。想要改善這種情況，最快的方式就是補充有助於益菌增長的乳酸菌，改善腸道內的環境。優格是乳酸菌的寶庫，每天吃優格有助腸道健康，改善排出體外氣體的味道。

649 加了黃豆粉的牛奶可以快速解決便祕問題

請一口氣喝光牛奶200毫升加黃豆粉3大匙。黃豆粉中含有豐富的膳食纖維，可以迅速改善便祕問題。牛奶也含有益菌最喜歡的「寡糖」，兩者相輔相成，威力加倍。不敢喝牛奶的人可以豆漿代替，就不用擔心會拉肚子。

牛奶＋黃豆粉有助於解決頑固的宿便。

650 吃天然乳酪改善腸道環境

天然乳酪含有豐富的乳酸活菌。這個乳酸菌到達腸內，可以創造腸內益菌優勢的環境，是非常好的食品，也可以改善便祕問題。

651 每天吃3小匙蜂蜜，讓腸胃更健康

一天三餐飯前吃1小匙蜂蜜，腸胃更健康。蜂蜜的抗氧化作用可以改善胃炎。然而，患有糖尿病的人或未滿一歲的嬰兒不能食用。

652 蜂蜜＋綠茶有助於止瀉

蜂蜜具有殺菌效果，再加上綠茶的單寧可以讓糞便變硬，雙重效果之下可以改善細菌所引起的腹瀉。蜂蜜所含的寡糖也會發揮作用。有需要時可以泡一杯濃的綠茶，加入蜂蜜飲用。

653 連續便祕時，可在肚子上畫圈按摩，恢復腸胃健康

澡趁身體溫熱時沿著腸道運行的方向，以肚臍為中心，順時鐘畫圓按摩10次。重點是在放鬆的狀態下按壓促進排便的穴位。只要養成洗澡時順便按摩的習慣，隔天上廁所會更輕鬆。

654 腸胃狀況不佳時，將薑炒到變黑後加熱水飲用

洗乾淨的薑連皮切片放入平底鍋，以中小火炒到變黑。杯子裡放入5～6片炒過的薑片，注入熱水。把薑水喝掉，就可活化腸胃功能，增進食欲。

薑片炒黑後注入熱水飲用，腸胃就會恢復健康。

糙米放入平底鍋用小火炒至咖啡色。

放入杯子內注入熱水。

655

糙米咖啡可以有效對付頑固的便祕

糙米不需清洗，取3～4大匙放入平底鍋開小火拌炒約30分鐘，直到糙米變成咖啡豆的顏色。冷卻後用研磨缽或研磨器磨成粉末，取1小匙放入杯子注入200毫升熱水，攪拌均勻後飲用，撲鼻的香氣喝起來非常舒服。由於不含咖啡因，腸胃不好的人也可以飲用。在糙米的強大威力下，再頑固的便祕問題也可以迎刃而解。

656

1杯可可就可以解決便祕問題

可可含有大量名為木質素的食物纖維，以及因可以有效預防生活習慣病而受到矚目的多酚。只要喝可可，在這兩種營養成分的雙重效果之下，就可以改善便祕。同時，可可亞還有助於增加腸內的益菌。另外，可可也可以有效對抗引起慢性胃炎等疾病的幽門螺旋桿菌，很推薦給腸胃不佳的人。

657

白蘿蔔葉＋蘋果汁可以促進腸胃蠕動

雖然說草味有一點重，但白蘿蔔葉中食物纖維含量豐富，打成果汁喝下對於改善便祕非常有效。如果再加入具有整腸效果的蘋果，不僅效果加倍，味道也比較美味。取40～50克生的白蘿蔔葉，洗淨後加入100%純蘋果汁200毫升，用果汁機打成汁便完成了。

658

蘋果泥擠汁具有止瀉的效果

很多人都知道蘋果含有豐富的食物纖維，可以有效解決便祕問題，沒想到蘋果竟然也有止瀉的效果。吃下蘋果，腸道內的益菌就會增加，可以有效抑制腹瀉。有效治療便祕的食物纖維「果膠」多半存在於蘋果皮中，因此用來止瀉時記得先削掉蘋果皮。另外，磨成泥再吃有助消化。果真如前人所說，「一天一蘋果，醫生遠離我」呀。

659

只需1～3杯橄欖油，排便更順暢

你是否也有同樣的經驗？吃完使用大量橄欖油的義大利或希臘料理後，隔天排便變得順暢。這是因為橄欖油當中含有不溶性食物纖維。每天只要攝取1～3杯橄欖油，硬便有了水分會變軟，排便自然更順暢。

660

容易拉肚子的人，可以將山藥磨成泥後煮湯

對於那些沒有特殊理由就容易拉肚子、為慢性腹瀉而苦，或是只要喝冷飲就會拉肚子的人，向大家推薦山藥泥。山藥削皮後磨成泥，可以和喜歡的青菜一起煮成湯或粥，加入味噌湯內也OK。每次的攝取量大約是1/2杯左右。山藥一般都是生吃，但為了腸胃著想，還是加在湯裡熱熱的吃。經常食用可以強健腸胃，改善腹瀉體質。

改善手腳冰冷

661 橘子皮是最好的天然入浴劑

收集橘子皮放在陽光下曬乾，放入裝蔬菜的網袋或舊絲襪中，就可當作入浴劑使用。放入橘子皮，泡澡水再加熱，讓橘子皮的精華釋放出來，可以讓全身溫暖，橘子的香氣也有放鬆的效果。泡完澡還能獲得皮膚細嫩的額外效果呢。

每日飲用溫豆漿＋磨碎的黑芝麻可以預防手腳冰冷。

662 加了黑芝麻的熱豆漿可以預防手腳冰冷

豆漿２００毫升加熱後放進杯子裡，加入1大匙磨碎的黑芝麻攪拌均勻後飲用。每天喝一杯，就可預防手腳冰冷。豆漿和黑芝麻含有許多對女性有益的營養成分，對身體很好。如果不喜歡黑芝麻的顆粒感，可以改用芝麻醬代替。

663 天氣熱吃涼麵，一定要搭配可以暖身的佐料

夏天來上一碗冷麵或冷烏龍麵，冰涼的麵滑過喉嚨的感覺真是通體舒暢，但這會讓身體變得寒涼。搭配的蔥和薑等具有暖身的效果，因此吃涼麵時記得一定要多吃一點蔥薑，避免手腳冰冷。

664 手腳冰冷時圍上肚兜，從肚子開始暖身

身體感覺寒冷時，血液為了保護內臟，首先會集中在腹部附近。如此一來，手腳的血液循環不良，就算戴上手套或穿上襪子，還是很難改善手腳冰冷的狀況。這時就是肚兜派上用場的時候了。為了血液可以運行全身，最重要的就是保持腹部溫暖。最近市面上有賣絲質肚兜，因此不僅是冬天，夏天在冷氣房最好還是圍上肚兜。另外，使用暖暖包也是不錯的選擇。

665 用黑醋泡腳暖身

黑醋可促進血液循環，讓身體暖和，可以有效改善手腳冰冷。在洗臉盆或水桶裡放入黑醋２００毫升，注入40℃左右的熱水２公升攪拌均勻，泡腳至腳踝位置。大約20分鐘身體就會逐漸暖和。

666 交替泡冷水和熱水可改善手腳冰冷

準備2個水桶，分別放入43℃左右（偏熱）的熱水和冷水。首先將雙腳泡入熱水，等到溫熱後再泡冷水，重複幾次後就可以改善血液循環。從腳開始，慢慢地全身都會暖和起來。如果熱水冷了再加熱水，盡量維持熱水的溫度。

雙腳輪流重複浸泡冷水和熱水，身體就會暖和起來。

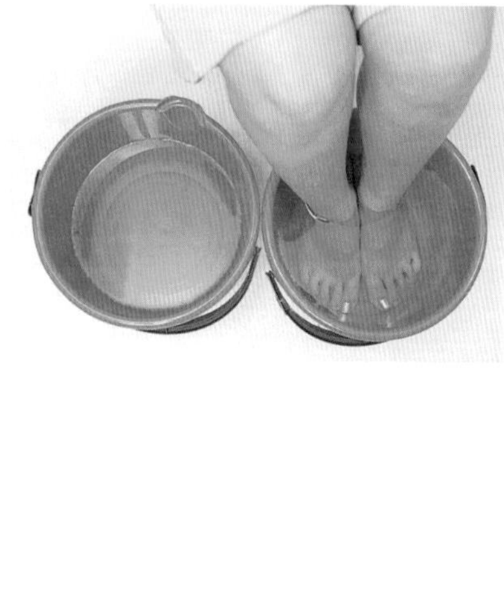

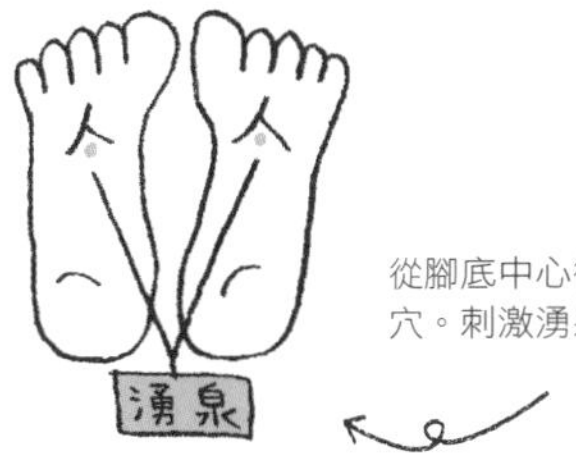

從腳底中心往上一點的位置有個湧泉穴。刺激湧泉穴可以促進血液循環。

667 刺激腳底穴位可以讓身體暖和

從腳底中心往上一點的位置，有個可以促進血液循環的穴道「湧泉」。用手指按壓這個穴道，有點痛但很舒服的力道剛剛好。按壓3秒之後放開，休息一下再壓，重複3～4次。這是很容易血液循環不良的位置，只要刺激這裡就可以促進血液循環。如果覺得全身無力，用1大匙鹽按摩湧泉穴，有助於熟睡，消除疲勞。

解決肩膀痠痛

668 用鹽溫敷可以讓肩膀變鬆

鹽放入平底鍋以小火拌炒7～8分鐘，然後用手帕等把炒好的鹽包起來，再用橡皮筋綁好放在肩膀上，等熱能慢慢傳到身體，肩膀就會放鬆。一開始會覺得很燙，建議在肩膀上墊一條毛巾，等到涼了再拿下毛巾。經過加熱的鹽不容易冷卻，效果約可維持20分鐘。鹽可以重複加熱多次，建議留起來專門用來敷肩膀。

669 暖暖包可以改善急性的肩膀痠痛

外出時如果覺得肩膀痠痛，可以買個暖暖包，放在肩頸部位溫熱。如此一來血液循環變好，肩頸也會比較鬆。建議平常就可以在皮包裡放一個暖暖包，以備不時之需。

670 肩膀僵硬，可以在泡澡時轉動肩膀

肩膀僵硬的主因是頸部肌肉血液循環不佳所致。泡溫水澡讓身體暖和後輕輕轉動肩膀，症狀較輕的肩膀僵硬便可獲得改善。上下擺動肩膀，或是彎起手肘轉動肩膀可以感覺血液循環變得更好了。

671 酸梅肉泥有助於改善肌肉僵硬

取3～4顆日本酸梅，去籽後磨碎，塗在厚紙或廚房紙巾上。這個自製貼布敷在肌肉僵硬的部位，乾了以後替換。1天敷3次，就可以有效改善肩頸僵硬和疲勞。

672 用白蘿蔔汁製成貼布，改善肩頸疲勞

睡覺前將白蘿蔔泥擠出來的汁塗在紗布上，敷於疼痛部位，上面蓋一條毛巾再用膠布固定，隔天早上肩頸痠痛的情況就會獲得改善。

消除疲勞

673 昆布水可以讓身體不易囤積疲勞

昆布切成3～4公分的四方形用1杯水浸泡一個晚上，等到昆布的精華釋放出來後飲用。昆布屬於鹼性食品，除了可以消除肌肉的疲勞外，含有豐富的維生素B1、B2，每日飲用可讓疲勞不易囤積。尤其是壓力大的人，可以喝昆布水預防生活習慣毛病。

674 用加了辣椒的溫水泡腳，可以改善腿部的疲勞和水腫

準備一盆40℃左右的熱水，放入2～3支辣椒，泡腳10分鐘後再用溫水沖洗乾淨。囤積在腿部的疲勞和水腫就會消失不見。腳有傷口則可能會有刺痛感，建議暫停使用。

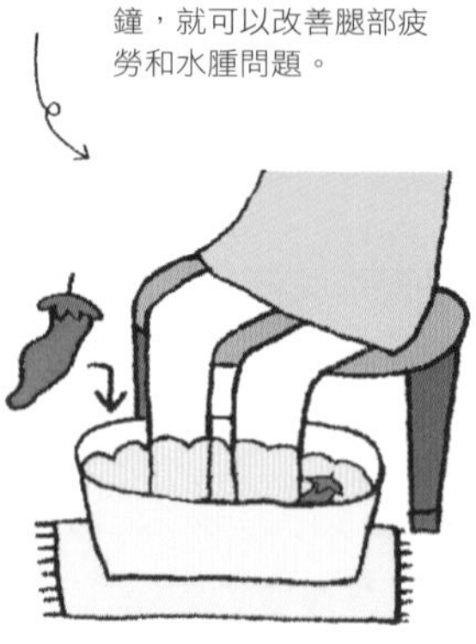
溫水裡放辣椒泡腳10分鐘，就可以改善腿部疲勞和水腫問題。

675 用酸梅綠茶安撫疲憊的身心

日本酸梅有助於排出體內的疲勞物質。自古日本老奶奶就經常在熱綠茶加入酸梅，飲用有助於消除疲勞。1杯綠茶熱飲大約搭配1/3小匙酸梅肉。如果不擔心鹽分過高，可以滴幾滴醬油，喝起來更順口。

676 古早味的糙米湯是消除疲勞的特效藥

糙米除了含有能消除疲勞的維生素B1，還有其他營養素。以前的人生病初癒，總是喝糙米湯補充體力，因此非常推薦給疲勞的人。取1杯糙米放入鍋內，不需要清洗，開中小火拌炒至褐色，加入1.6公升水和少許的鹽，熬煮至水分剩下7～8成，放入果汁機打成漿就完成了。如果要煮成稀飯吃，根據喜好將米煮成適當的硬度即可。

677 「不知為何全身無力」時，你需要的是香菇茶！

乾香菇含有各種預防生活習慣毛病的成分。例如，可以將氧氣和營養素送到身體每個角落的鐵，以及有助於消除疲勞的維生素B1。另外，乾香菇還有助於增進食欲，提升活力，最適合用來療癒疲勞的身心。取1朵乾香菇用水泡軟後切成薄片，加水300毫升開小火熬煮15分鐘，最後再加一點鹽或醬油，香菇茶就完成了。睡前1杯，早上就會恢復活力。

678 3個有助於消除身體疲勞的腳底穴位

第一個是「足三里穴」，位於膝蓋下方四指處、脛骨的外側。第二個是「陰陵泉穴」。手指從足三里穴的位置向脛骨內側移動，再朝膝蓋向上移動，手指自然停止處即是。第三個是「湧泉穴」，就位在彎曲腳趾時腳底中央偏上側的凹陷處。疲勞的時候，不妨試試用按摩棒或手指用力按壓這三個穴道。

幫助睡眠

679 睡不著的時候，不妨喝一杯加鹽溫牛奶

牛奶所含的鈣質具有鎮定神經，減輕煩躁的功效。鹽只要加一點點就足夠了。不能吃太多鹽的人可以改滴幾滴白蘭地，喝起來又香又美味。

心情煩躁睡不著，可以將芹菜磨成泥加熱水趁熱喝。

680 心情煩躁睡不著的夜晚，來一杯芹菜茶

芹菜的香味成分可以減輕頭痛和壓力，鎮定神經，有助於睡眠。1/2根芹菜磨成泥放入杯子，注入適量的熱水，趁熱飲用，心情慢慢就會放鬆。也可以依照喜好加一點蜂蜜。加了大量芹菜的湯也是不錯的選擇。

681 喝一杯自製青紫蘇茶放鬆情緒

從冰箱取2～3片青紫蘇葉，放入杯子裡注入熱水，等到散發出紫蘇香味後趁熱飲用。清新的香氣可以放鬆情緒，達到芳療的效果。另外，紫蘇晾乾半日後放進瓶子，加入適量的燒酎和冰糖，依照水果酒的釀法釀製2～3個月，香氣與酒精的雙重效果可以放鬆情緒，改善睡眠。

682 洋蔥放在枕邊可以安定神經，改善睡眠

睡覺時在枕邊放切開的洋蔥，聽起來好像不可思議，但這是歐美老奶奶流傳下來改善睡眠的智慧。洋蔥含有二丙烯硫化物的香氣成分，根據科學證實具有鎮定神經的功效。為了讓香氣散發，取1/8顆洋蔥切碎。今晚不妨就試試看吧。

683 在枕頭套裡放幾片菊花瓣，有助安眠

摘下菊花花瓣，放在陰涼處徹底晾乾，然後將花瓣放入薄布袋內，塞進枕頭套裡。在中國，菊花是治療失眠和頭痛的珍貴中藥材。雖然有一點奢侈，但不妨摘一朵院子裡的菊花試試看。另外，未經乾燥的菊花瓣放進茶包袋泡澡，同樣十分有效。

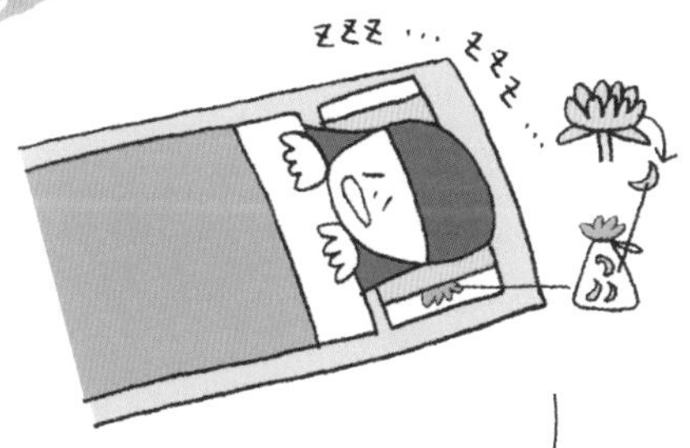

乾燥的菊花瓣放進袋子再夾進枕頭套內，就可以睡一個好覺。

684 用手掌溫熱右腹，可以達到熟睡的效果

手放在肝臟所在的右腹部溫熱，肝臟會分泌血清素，改善睡眠並有助腦部放鬆。手放在肩頸部位溫熱，也有助於消除身體的緊張。

改善身體不適

685 白蘿蔔泥可改善因飲酒過量引起的噁心和頭痛

白蘿蔔泥含有許多可促進酒精分解的維生素C，而白蘿蔔的消化酵素則有助於抑制噁心。另外，滴幾滴白蘿蔔汁到鼻孔裡，可以減輕宿醉引起的頭痛。

686 吃柿子可以預防&改善宿醉

引起宿醉的原因是未分解的乙醛還殘留在體內。喝酒之後立刻吃熟柿子，柿子中果糖和澀味來源的「單寧」可以促進分解乙醛，消除宿醉所引起的不適。另外，柿子的單寧可以抑制酒精吸收，喝酒前吃柿子也可以預防宿醉。

柿子的果糖和單寧可以有效對付宿醉。

687 宿醉後隔天早晨的最佳良伴非蜆湯莫屬

蜆可提供肝臟在分解酒精時所需的必需胺基酸。200克蜆加水300毫升放入鍋內開大火，沸騰後轉中火，等殼開了繼續煮1分鐘關火，蜆湯就完成了。也可以依照喜好加味噌、鹽或醬油調味。喝一碗充滿蜆精華的湯，就可以減輕宿醉的不適感。另外，蜆經過冷凍營養成分會增加，因此建議冷凍保存。蜆吐沙後放入保存袋內，放入冷凍庫，要用的時候就很方便。

688 喝完酒喝1杯蜂蜜水，隔天早上精神好

蜂蜜的甜味成分為果糖。果糖可以促進肝臟活動，降低血液中的酒精濃度。直接吃蜂蜜也可以，但加水飲用，還可以同時補充水分。喝完酒回家先不要急著倒頭大睡，喝1杯蜂蜜水，隔天早上精神更好。

689 加了鹽的日本焙茶有助於醒腦

焙茶中的單寧可以促進分解造成宿醉的乙醛，而鹽具有解毒效果。在熱的焙茶裡加一點點鹽飲用，兩者相輔相成，對於宿醉非常有效。喝酒之後如果想要醒腦，不妨試試這個方法。

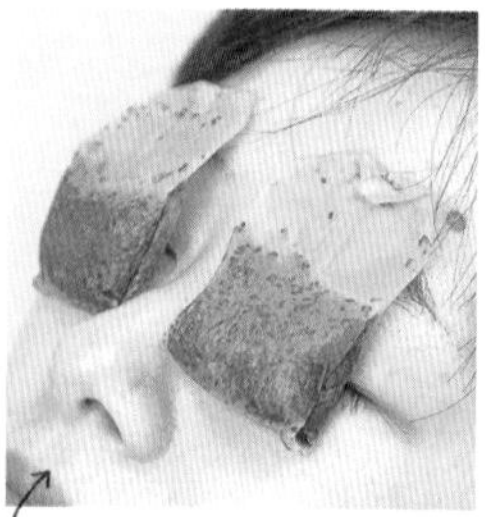

用紅茶包敷眼睛更舒暢！

690 用泡過的紅茶包敷眼睛，就可以消除疲勞

如果覺得眼睛疲勞，喝完茶之後，將茶包輕輕擠乾，敷在眼睛上5~10分鐘。不可思議地，眼睛的血絲不見了，感覺更舒暢！夏天用冷茶包也沒有問題，但在冬天，趁著茶包還熱著的時候使用，更有助於消除眼睛的血絲。

691

用熱茶的蒸氣薰眼睛，可以減輕眼睛疲勞

在杯子裡倒入熱茶，用茶的熱氣薰眼睛，茶的香氣和咖啡因可以減輕眼睛疲勞。綠茶或紅茶等，只要是有咖啡因成分的茶都可以。用蒸氣薰眼睛的時候，身體若能放鬆，效果更佳。

茶的香氣和熱氣可以消除眼睛疲勞。

692

鹽水溫敷改善因疲勞而紅腫的眼睛

熱水200毫升加鹽1/5小匙攪拌均勻，等到鹽融化後用2片化妝棉沾濕，稍微放涼敷在眼睛上3分鐘，再用溫水清洗乾淨，就可以改善眼睛紅腫，消除疲勞。

用泡了鹽水的化妝棉敷眼睛，可以改善眼睛紅腫和疲勞。

693

喝番茶＋醬油再出門，可以預防暈車

番茶加3～5滴醬油飲用，番茶的單寧成分可以緩和胃部黏膜的活動，抑制噁心感。

694

容易貧血的人可以吃番茄優格補充鐵質

為了改善貧血，需要多攝取鐵質，但也別忘了加強體內對鐵質的吸收。含有豐富維生素C的番茄和優格一起攝取，可以提高鐵質的吸收，改善貧血。1顆番茄剝皮加無糖優格100毫升、檸檬汁少許，用果汁機攪打，每日1杯。如果再加上鐵質含量豐富的蜂蜜，效果更好。

番茄、優格及檸檬汁有助於體內鐵質的吸收，放入果汁機攪打即可。

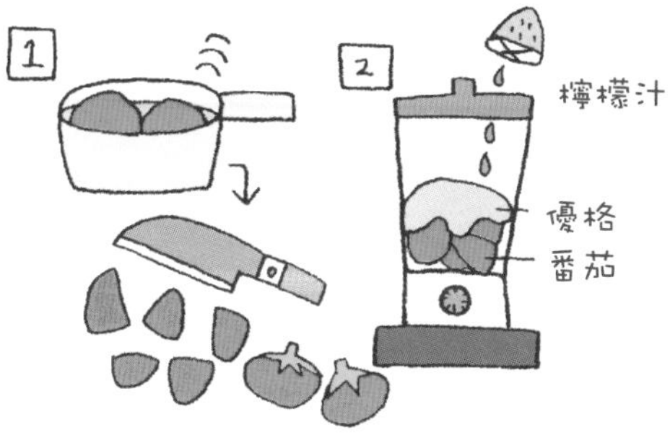

695

熬煮蘘荷飲用，可以改善經期不順的問題

蘘荷的香味成分具有促進血液循環的功效。東洋醫學將蘘荷視為改善經期不順的藥材之一。1個蘘荷切碎加水200毫升開小火，熬煮至湯汁剩下一半為止。一日分三次飲用，持續飲用就可以改善經期不順的問題。蘘荷可以鎮定神經，也有助於減緩生理期間煩躁的情緒。

696

加熱過的蒟蒻敷在下腹部，可以改善生理痛

生理痛最大的敵人就是「寒」。蒟蒻放入水裡開火，充分加熱後用毛巾包裹2～3層，敷在下腹部。蒟蒻的熱能不容易冷卻，而且當中含有水氣，可以讓身體暖和起來。躺在床上稍作休息，就可以改善生理痛。

消除水腫&瘦身

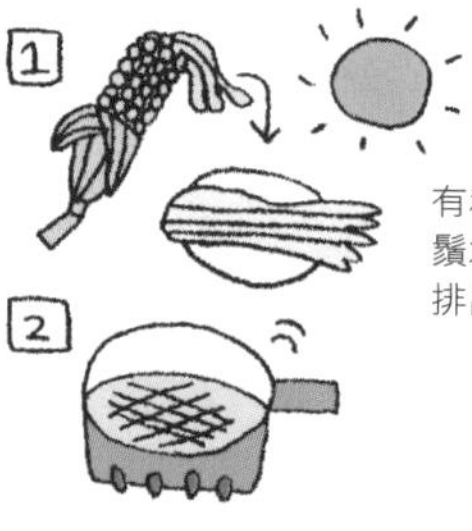

有利尿效果的玉米鬚水可以幫助身體排出多餘水分。

視情況每日喝1～6小匙的紅豆水。

697 紅豆水可以改善水腫問題

紅豆洗淨泡水一個晚上。紅豆60克加水900毫升放入鍋內開小火煮30分鐘，快溢鍋時可以加一點冷水。煮的時候注意不要把浮在表面的豆渣泡泡撈起來。等到水量剩2/3的時候關火，過濾之後就可以喝了。紅豆自古就被認為是具有利尿效果的食材。臉或手腳水腫，紅豆水就可以派上用場。剩下的紅豆可以加砂糖和水煮成紅豆湯。

698 玉米鬚煮水就是天然的利尿劑

玉米鬚撕下放在竹籃裡，經過日照曬乾放進水裡，用小火煮至水量剩2/3就完成了。一天分三次飲用，就可以達到利尿效果。比例是乾燥玉米鬚5~10克加水500毫升。

699 橘子皮暗藏燃脂效果，泡茶喝就可以瘦身

橘子的酸味成分辛樂芬（synephrine），可以促進脂肪燃燒。一般認為一天吃3顆橘子就可達到瘦身效果，剩下的皮也可以拿來善加利用。橘皮的表面上蠟，吃之前記得用鹽充分洗淨。橘皮放在日光下充分曬乾，取適量放入茶壺中注入熱水，悶3~5分鐘，趁熱飲用。香氣撲鼻，十分美味。可依喜好加一點蜂蜜。

700 咀嚼昆布可以抑制食欲，預防飲食過量

這個方法推薦給總是因為忍不住吃太多而減肥失敗的人。昆布剪成5公分的四方形，每餐飯前吃一片。重點在於充分咀嚼。昆布不但可以抑制血糖值，更可以將脂肪和糖質排出體外。另外，咀嚼的動作可以訓練臉部肌肉，讓臉部更緊實。

701 豆漿是健康瘦身的好夥伴

豆漿的原料是黃豆。黃豆含有肽，可以提高脂肪燃燒的效率，提升基礎新陳代謝。黃豆另外含有促進脂肪消化酵素活動的皂苷成分，在二者相輔相成之下，瘦身效果更令人期待。除此之外，黃豆也含有異黃酮，可以改善更年期問題。為了提高這些成分的效率，人體吸收率高的豆漿是最佳選擇。

702 飲用舞茸醋可以減少內臟脂肪，打造易瘦體質

舞茸所含的「MX-fraction」成分，可以促進體內中性脂肪和膽固醇的分解，進而提升新陳代謝，減少內臟脂肪。想要有效率地攝取這個成分，最好的辦法就是喝舞茸醋。在保存容器內放入舞茸500克和醋500毫升，放在陰涼處1週就完成了。每天持續喝1小酒杯的量，就可以打造易瘦體質。

對付體臭&口臭

咀嚼含有豐富單寧成分的綠茶可防口臭。

703

咀嚼茶葉預防口臭

綠茶中的單寧可以抑制口內雜菌繁殖，預防口臭。取一撮綠茶葉放入口中，像嚼口香糖般咀嚼。有口臭問題的人，只要有時間就勤嚼綠茶葉。吃了重口味的食物，這個方法也很有效。

704

吃完異國料理，可以用香草和香料等恢復口氣清新

許多香草都具有除臭和抗菌的功效，只要在口中含少量香草，就可以殺死造成口臭主因的雜菌。另外，只要吃香料，香料的成分進入血液，便可以去除從皮膚或肺部排出的臭味。最具代表性的香料包括葛縷子、丁香、白荳蔻、迷迭香等。不妨選擇自己喜歡的香料試試看。

705

海帶芽和海髮菜的黏液可以抑制口臭

就算做好口內清潔也無法去除口臭的原因，在於殘留體內未分解完的東西融入血液中，再透過肺部經由呼吸排出。這時派上用場的就是海帶芽和海髮菜。海藻含有褐藻素的黏液成分，可以包覆腸道內氨氣和硫化氫等氣味不佳的氣體，直接以糞便形式排出。

706

從體內預防「老人味」

「老人味」是體內過氧化物質增加所造成的。抑制老人味的重點在於不讓活性氧堆積在體內，因此要多攝取抗氧化食品。另外，減少攝取造成體味的動物性蛋白質和脂肪，增加有助於脂肪等排出的黃綠色蔬菜，同時不要累積壓力，避免造成多汗和皮脂分泌過多。此外，菸酒是造成體內活性氧增加的元凶，應該避免攝取。以上這4點是重要關鍵。

707

日本酸梅可以有效預防口臭&體臭

吃酸梅時，嘴巴會分泌唾液，這個唾液可以有效預防口臭。剛起床或緊張時，如果覺得口氣不佳，是因為口內的唾液分泌減少的緣故。唾液具有殺菌效果，再加上酸梅的檸檬酸，二者相輔相成，可以抑制雜菌繁殖，預防口臭。吃下去之後，檸檬酸強大的殺菌力加上胃酸的力量，可以殺死雜菌，預防體臭。搭配綠茶一起食用，兒茶素會讓效果加倍。

708

化妝棉沾明礬水可以抑制汗臭味

明礬融於水會呈現酸性。明礬融於水後用化妝棉沾濕，用來擦拭腋下或腳底，可中和造成汗臭味的鹼性氨氣，抑制汗臭味。明礬加水後噴灑也可以達到同樣效果。以水1.5公升加明礬50克的比例，等到明礬融解後即可使用。

解決輕微的身體不適

709

自製醋貼布，可以減緩跌倒引起的疼痛

紗布泡在醋裡，輕輕擠掉多餘的醋讓醋不會滴下來，再把紗布貼在患部，乾了再換新的。重複幾次之後，疼痛就會減緩。手邊沒有市售的貼布藥膏時，就可以用這個方法應急。

摔傷時可以用泡了醋的紗布敷在傷口上。

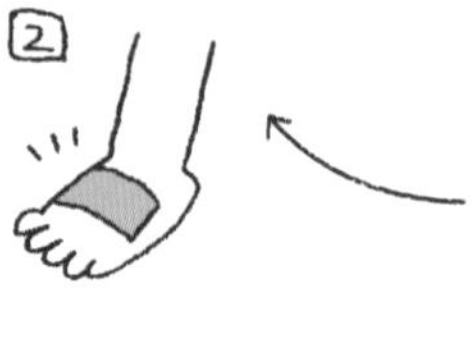

710

用馬鈴薯緊急處理燙傷所造成的刺痛感

馬鈴薯自古就被認為有消炎、解毒、止痛的功效。如果是輕微的燙傷，可以將馬鈴薯削皮磨成泥，輕輕將多餘的水分擠乾敷在患部。這時記得將馬鈴薯充分洗淨，手也要清洗乾淨。包上保鮮膜阻絕空氣，抑制水分蒸發，就完成了應急處理。如果手邊沒有馬鈴薯，剝幾片高麗菜葉洗淨敷在患部也有同樣效果。

711

刺如果卡在皮膚裡，塗一點蜂蜜就比較容易拔除

卡在皮膚深處拔不出來的小刺讓人很不舒服。這時只要塗一點蜂蜜等待一段時間，不可思議地，卡在皮膚深處的小刺慢慢就會被推出來，接著只要用小鑷子將刺拔除即可。其中的祕密在於蜂蜜的抗菌作用和組織再生能力。蜂蜜會讓皮膚組織為了修復傷口而將刺推出來。事前將皮膚泡在熱水裡，軟化效果更佳。

712

對付輕微燙傷，可以塗蛋白來保護皮膚

輕微的燙傷，建議可以在傷口塗上可保護皮膚、促進皮膚再生的蛋白。在患部塗上蛋白，就不必擔心水泡會破或化膿。蛋白與皮膚同屬於蛋白質，因此非常相容。

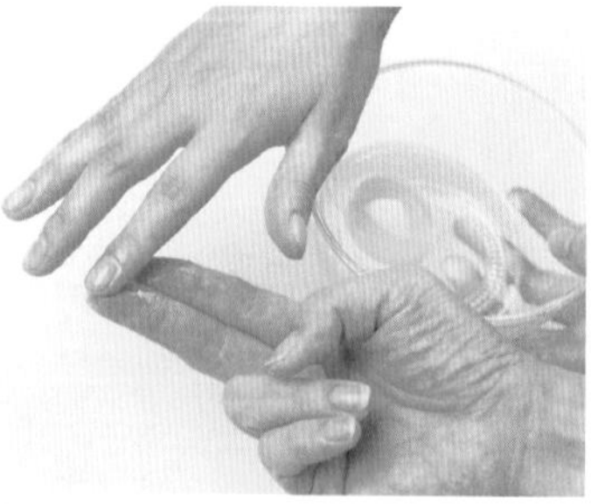

在燙傷的傷口塗生蛋白，傷口更快癒合。
塗之前記得先把手清潔乾淨。

713

扭到手腕疼痛不止時，可以將蘆薈磨成泥冰敷

如果僅是輕微扭傷，很多人都不在意，但如果疼痛不止，這時蘆薈就派上用場了。準備1片蘆薈磨成泥，用紗布包起來敷在疼痛部位。蘆薈具有降溫的效果，可以減緩疼痛。在家裡種一盆蘆薈，非常有幫助。

714

蛋殼上的薄膜，敷在擦傷的傷口上更快癒合

剝開生雞蛋會發現蛋殼內側有一層薄膜。小心撕下這層薄膜，將濕黏的那一面敷在傷口上，再用OK繃固定，經過半天傷口就會癒合，而且不易留下疤痕。水煮蛋的話就沒有同樣的效果了。

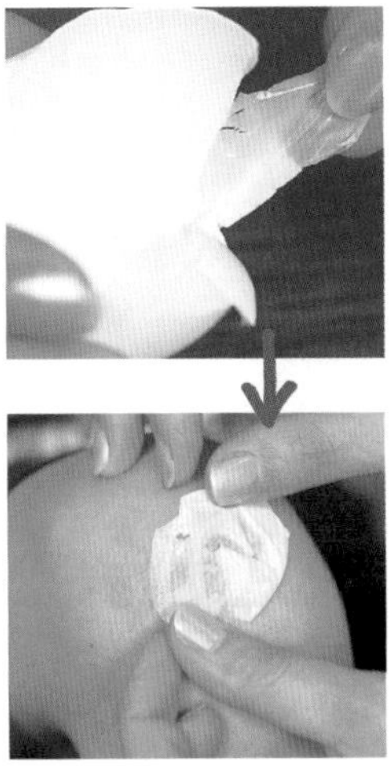

擦傷時建議在傷口敷上生雞蛋殼內側的薄膜。

715

用加了醋的熱水泡腳，可以治療香港腳

醋的強大殺菌功效可以擊退香港腳。盆子裡放熱水1公升加入醋200毫升，泡腳大約1小時。如果是會讓皮膚變硬的香港腳，泡醋水可以軟化角質，用手就可以搓掉。之後用清水沖洗乾淨，徹底擦乾，不要殘留濕氣。不妨試試連續做3～4日。然而，香港腳有很多不同種類，對於入侵指甲的香港腳不太有效。太嚴重的香港腳，還是建議就醫治療。

716

蒜泥擠汁可以消毒傷口

如果刀子不小心切到手，將蒜泥擠汁加水稀釋，以紗布沾濕敷在傷口上。大蒜的殺菌和消毒作用發揮功效，傷口就不會化膿。雖然會有一點刺痛，但十分有效，還是忍耐一下吧！

717

黃瓜＋鹽可以改善汗疹

起汗疹時必須將汗擦乾，保持患部清潔。如果這樣還是無法改善，可以將冰過的黃瓜切薄片，撒一點鹽，敷在汗疹患部，靜置一段時間再沖洗乾淨，隔天汗疹的狀況應該就會改善。

718

蟲咬的部位抹鹽可以止癢

如果不是很嚴重，只要在蟲咬的部位抹鹽搓揉，就可以抑制皮膚發炎，鎮定止癢。如果腫起來，用水沾濕患部後堆鹽約5公厘高，再敷上紗布固定。

719

柚子汁可以改善手部乾燥或凍瘡

柚子汁可以補充肌膚水分，對於手部乾燥十分有效。柚子汁直接擦在手上讓皮膚吸收，柚子的精油成分會促進血液循環，改善龜裂、破皮等現象。另外也可以用同樣方法對付腳部凍瘡。柚子汁直接塗在患部上，幾次下來就會逐漸改善。如果覺得刺痛，可以將果汁加溫水後浸泡。

720

牙齦腫起來，可以貼上麵粉做的貼布抑制發炎

麵粉加燒酎攪拌至一定的黏稠度，塗在乾淨的和紙或廚房紙巾上，貼在牙齦疼痛的臉頰處，乾了再換新的，貼幾次之後，發炎的狀況就會漸漸改善。麵粉做的貼布具有解熱效果，摔傷貼也很有效。

Part 5
美容篇

[5-2]

善用天然素材變得更美麗！美肌&護髮的小智慧

美肌

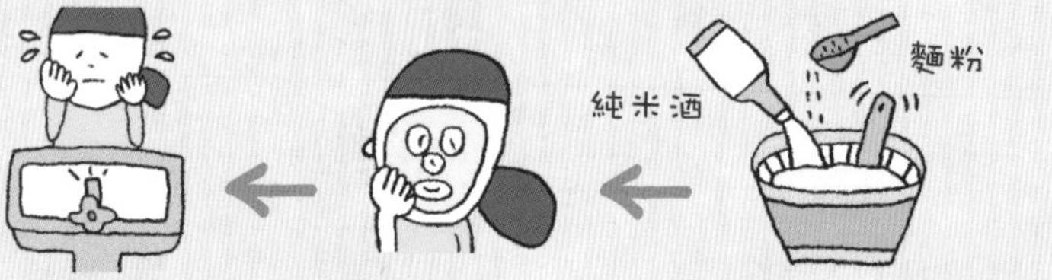

酒粕磨碎後加日本酒調勻，之後再加麵粉調成乳液狀。

避開眼口部位均勻塗在臉上。

用水清洗後肌膚更水嫩。

721 敷上最流行的酒粕面膜，肌膚變得如嬰兒般水嫩

酒粕面膜含有促進肌膚保濕的氨基酸、具有高度美白效果的熊果素，以及其他各種蛋白質和礦物質，一週只要敷2～3次，乾燥的肌膚就會恢復水嫩，淡斑的效果也令人期待。自製酒粕面膜的做法是，將酒粕100克磨碎後加入米酒100毫升充分拌勻，一點一點慢慢加入麵粉1大匙，等到呈現乳液般的質地就完成了。洗完臉後，避開眼口部位均勻塗在臉上，約5分鐘後清洗乾淨，這樣就可以得到吹彈可破的水嫩肌膚。用剩的面膜放入冰箱保存，一週內使用完畢。

722 蘋果＋黃豆粉，有效對抗肌膚鬆弛和斑點

蘋果含有具換膚效果的果酸和抗氧化作用的多酚等，可以有效預防皮膚老化。再加上具有高保濕效果的黃豆粉，在二者的雙重威力之下，可以找回肌膚的彈性。取1/4顆蘋果磨成泥，慢慢加入1/4杯黃豆粉，攪拌至濃稠的泥狀。塗在紗布上敷在希望改善的部位，最後再用清水洗淨。每週敷一次就OK了。

723 用精油去除油脂，治療青春痘

芳療用的精油一般是不可以直接擦在肌膚上的，然而，「茶樹精油」、「尤加利精油」以及「薰衣草精油」等具有強大的殺菌力，只需要用棉花棒沾一滴塗在青春痘患部上，就有顯著的效果，能夠有效抑制發炎。

724 用蛋黃＋麵粉，洗臉和敷臉一次搞定

蛋黃＋麵粉＋溫水調勻敷在臉上，乾燥的肌膚也變得水潤。

蛋黃1顆加麵粉2大匙拌勻，再慢慢加入溫水，調成比較稀的乳液狀。卸妝後避開眼口部位均勻塗上薄薄一層，等待1～2分鐘，再用溫水洗淨，肌膚就變得滑嫩有光澤。這個面膜在洗去髒污的同時還具有保濕效果，尤其是乾燥的肌膚更是有效。

725 洗臉最後用醋水沖洗，肌膚更滑嫩

試試在洗臉的最後在清水中加一點醋。醋的殺菌作用可以去除殘留在臉上的雜菌，並讓因洗面乳而偏向鹼性的肌膚回到弱酸性。洗臉盆裡裝1杯溫水，滴入數滴醋即可。除了臉部之外，泡澡後用加了醋的溫水沖洗，全身更光滑。

726

用富含美膚成分的黑糖敷臉，肌膚更健康

黑糖含有鎖水保濕、緊實、美白、預防青春痘和過敏等諸多功效的成分。在日本，黑糖從江戶時代就當作美容產品使用。黑糖面膜的做法非常簡單：黑糖磨碎加水煮到有一定黏性後充分冷卻。避開眼口部位塗在臉上，等待3～4分鐘後用溫水洗淨。就可以感覺到肌膚變得濕潤，而且毛孔緊實，肌膚也更滑嫩。建議在泡澡的時候敷臉，這樣就算弄髒了也沒關係。

727

芝麻和核桃的抗老成分，可以喚回肌膚的彈力

芝麻和核桃含有豐富的維生素E和抗氧化物質，有助於從體內美化肌膚。取炒過的芝麻粒和剝殼核桃（用小烤箱烘烤數分鐘）各2大匙，用研磨缽磨碎，再加入適量的蜂蜜。每日食用可以讓疲勞的肌膚恢復活力。

芝麻＋核桃磨碎後加蜂蜜就可以抗老化！

728

原味優格的上層水分含有豐富的美容成分

原味優格的上層水分含有具保濕作用的胎盤素，以及有助於去除肌膚老廢物質的乳酸等。將未開封的原味優格連容器一起橫放在冰箱1小時，優格上層就會囤積水分。洗完臉後將這些液體塗在肌膚上，靜置15分鐘後洗淨。做蛋糕時，若是需要將優格加以過濾，過濾後的水分不要丟棄，泡澡時塗在身上，可以達到護膚效果。

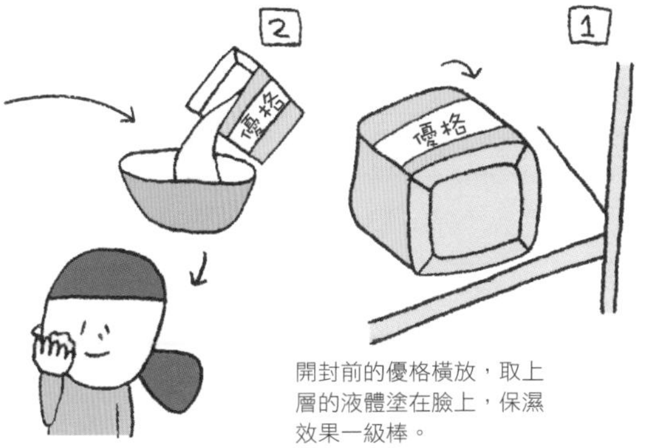

開封前的優格橫放，取上層的液體塗在臉上，保濕效果一級棒。

729

擦昆布水讓你成為素顏美人

昆布泡水，昆布的黏液就會釋放出來。這個黏液成分可以去除肌膚的髒污，同時促進新陳代謝，緊實毛孔，擦在肌膚上就可以讓肌膚恢復活力。昆布剪成5公分的四方形放入保存容器內，注入煮沸後放涼至40℃的礦泉水，浸泡2～3小時就完成了。洗完臉不妨用昆布水取代化妝水。

730

用米糠洗臉，肌膚更水嫩

米糠除了含有維生素、礦物質，也含有適度的油脂，在清潔肌膚的同時給予肌膚水分和營養。方法很簡單，取米糠1大匙倒進茶包內，放入裝了溫水的洗臉盆，搓揉茶包等溫水變成白濁色，便可以用來洗臉。最後再以溫水洗淨即可。洗完臉將剩下的茶包直接放在臉上輕輕按摩，護膚效果加倍。洗完臉臉部不會緊繃，依舊水嫩嫩。

＊注意：所有與肌膚相關的美容建議，施行前請先在手腕內側等不明顯的部位測試，確定沒有不適，再繼續使用。萬一出現紅疹、發癢等現象，請停止使用。

身體保養

731

泡澡時加茶，可以療癒日曬後的肌膚

綠茶和紅茶中的單寧，能夠有效緩和發炎症狀。取濃茶500毫升加入泡澡水裡，可以安撫日曬後皮膚，減少刺痛感。據說以前的歐洲人會用紅茶治療燙傷。用泡完茶的茶葉或茶包輕拍曬傷部位也很有效。

732

用容器內殘留的乳液沖澡，全身肌膚更水嫩

用容器內殘留的少量乳液或試用包沖澡，可以預防洗完澡後的皮膚乾燥。盆子裡裝熱水，加入乳液1小匙，混合均勻後用來沖身體，記得不要錯過任何一寸肌膚。乳液的保濕成分可以讓肌膚變得更水嫩。

733

半身浴可促進新陳代謝，洗去多餘脂質和廢物，肌膚更水嫩！

肚臍以下部位泡在38℃的熱水裡，等待20～30分鐘，直到出汗為止。這時可以將浴缸的蓋子靠近身體蓋起來，維持三溫暖的狀態，就不用擔心會受涼。半身浴可以讓全身的毛孔打開，排出多餘脂質和老廢物質，還可以促進新陳代謝，讓肌膚恢復活力。然而，由於肌膚的角質層屬於水溶性，泡澡不可以超過30分鐘。冬天如果覺得冷，可以在肩膀上披一條乾毛巾。泡澡之後不要忘了補充水分。

1 用溫水泡半身浴，毛孔打開可以排出老廢物質。

2 如果覺得冷，可以披一條乾毛巾。

734

泡牛奶澡可以讓肌膚摸起來水嫩光滑

牛奶含有均衡的脂肪、礦物質與維生素，可產生適度的保濕作用。在38℃左右的熱水裡加入牛奶1公升混勻，慢慢浸泡。雖然有一點奢侈，但使用剛過期幾天的牛奶也OK。牛奶給予肌膚最天然的養分，讓肌膚更水嫩光滑。如果不喜歡牛奶的味道，泡完澡稍微等一下再沖掉即可。

735

小蘇打粉＋鹽可以改善凹凸不平的指甲

想要彩繪指甲，但指甲表面凹凸不平，可以將小蘇打粉1小匙、天然鹽1小匙、橄欖油1/2小匙混勻製成磨砂膏清潔指甲。指甲刷沾濕後再沾一點自製磨砂膏，輕刷手指和指甲間的縫隙。接著用指尖取一點磨砂膏，輕輕按摩指甲周遭的皮膚，最後用水沖洗後再用肥皂洗乾淨就可以了。腳趾甲也可以用同樣的方式清潔。

PART 5

美容篇

—身體保養

利用小蘇打粉＋橄欖油製成的面膜讓頸部和胸前的肌膚更水嫩。

736

用小蘇打粉＋橄欖油調製面膜，保養頸部到胸口的肌膚

小蘇打粉的微小粒子可以深入毛孔，去除髒污。而橄欖油去除油脂的力量，有助於排出肌膚的老廢物質。取小蘇打粉1大匙，慢慢倒入橄欖油2大匙，攪拌成膏狀。將這個自製面膜塗在頸部到胸前的肌膚，等待4～5分鐘後以溫水沖洗，最後再用肥皂洗乾淨即可。擦乾後再擦化妝水和乳液保養，效果更佳。每週保養一次，胸前的肌膚更加晶瑩剔透。記得每次要用之前再調製。

敷上打發的蛋白10分鐘，粗糙的手肘、膝蓋以及腳跟就會變得光滑。

737

蛋白霜面膜可以用來對付粗糙的手肘

做菜用剩的蛋白可以用來製作面膜。蛋白打發至泡沫能夠立起，塗在粗糙的手肘、膝蓋或腳跟上，等待10分鐘後用水沖洗，肌膚的水潤效果保證讓你大吃一驚！這是由於蛋白中的白蛋白（albumin）具有保濕效果，而天然酵素成分溶菌酶（lysozyme）則可以修復細胞。

738

用粗鹽按摩後大大放鬆！小腿也變得更纖細

沐浴後趁全身暖和時，抓一把粗鹽均勻抹在小腿上，從下朝上推壓按摩。如此一來，血液循環變好，有效改善水腫問題，小腿看起來也更纖細了。鹽還有去角質的效果，可說是一舉兩得。

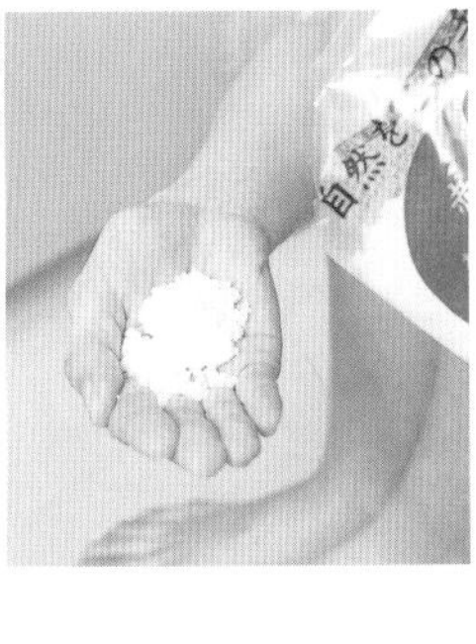

用粗鹽從下上推壓按摩小腿，就可以消除水腫。

739

西瓜皮和哈密瓜皮別急著丟掉，可以用來美容保養全身

西瓜皮和哈密瓜皮中含有護膚效果佳的高果酸成分和維生素C等。尤其是西瓜含有的瓜胺酸（citrulline）可以去除活性氧，讓肌膚回復健康狀態。將留有部分果肉的西瓜皮切成容易拿取的大小，洗澡時用果皮內側以畫圓的方式按摩全身，清洗乾淨就可以達到護膚的效果。

740

檸檬＋甘油自製的護手霜，可保護因做家事而變粗的雙手

利用檸檬和甘油，就可以輕鬆自製護手霜。做法非常簡單，檸檬與甘油以1：1的比例混合均勻就完成了，直接塗在手上即可。在一般藥局都可以買到甘油。自製護手霜的檸檬香氣清新，使用起來既水潤又清爽，還可預防雙手龜裂。最好一次就全部用完，家裡有多餘檸檬時不妨試試看。

741

粗糙的肌膚就交給米糠處理！

米糠含有的豐富維生素E，有「返老還童維生素」之稱，可以有效改善乾燥肌膚。用布將米糠包起來以溫水沾濕，搓揉皮膚粗糙的地方，米糠的護膚成分滲透肌膚，皮膚立刻變得潤澤水嫩。也可以用於臉部。沐浴前用米糠搓揉全身，乾燥的肌膚馬上就恢復活力。

＊注意：所有與肌膚相關的美容建議，施行前請先在手腕內側等不明顯的部位測試，確定沒有不適，再繼續使用。萬一出現紅疹、發癢等現象，請停止使用。

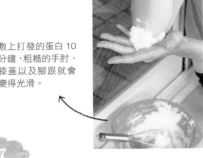

護髮

742

梳頭＆預洗之後再以洗髮精清洗，頭髮就不容易受損

用洗髮精洗頭前先以梳子梳頭，不僅可以梳開頭髮，更可以去除髮根上的灰塵和髒污，讓頭皮屑浮上來。還可以促進血液循環，護理頭皮。梳完頭不要立刻使用洗髮精，先用清水「預洗」，清除髒污和頭皮屑之後再用洗髮精，洗髮精也更容易起泡。

梳頭後先將污垢沖掉再用洗髮精，頭髮較不易受損。

743

用鹽洗頭，頭髮更飄逸

粗鹽可以用來護髮。鹽的滲透壓能夠排出堵塞住毛孔的油垢和髒污，洗完頭髮感覺更清爽。取1撮鹽加水按摩頭皮，讓頭髮吸收鹽水，之後再用水沖乾淨即可。

744

用洗米水潤髮，髮質更柔潤

洗完米的洗米水不要倒掉，可以當作潤髮乳使用。白色混濁的洗米水加3倍熱水稀釋，淋在已經以洗髮精洗淨的頭髮上。米糠中的護膚成分滲入頭皮，髮質也變得更柔潤。

745

用蛋和嬰兒油集中護理受損和分岔的頭髮

蛋的蛋白質可以修復因染髮或燙髮而受損的髮尾。1顆蛋打散加入與蛋等量的水，再滴1～2滴嬰兒油攪拌均勻。洗髮前塗在受損的髮尾，以保鮮膜包起來，約5分鐘後沖洗乾淨，再按正常程序用洗髮精洗髮即可。不妨用剛過期的蛋試試看。

蛋液＋水＋嬰兒油可以修復受損的髮尾。

746

以蛋黃護髮，隔天早上頭髮更有光澤

用蛋黃取代護髮素，頭髮柔潤有光澤，保證讓你大吃一驚。1顆蛋黃打散後加一點芝麻油攪拌均勻，洗髮後塗抹在頭髮上，放置一陣子再用水沖洗乾淨，隔天早上的頭髮亮麗有光澤，讓人刮目相看。如果不喜歡這個味道，沖洗乾淨再用潤髮乳清洗即可。

蛋黃加芝麻油混合均勻後當作護髮素使用，頭髮更加亮麗有光澤。

747

烏龍麵的煮麵水留著當潤髮乳使用，頭髮變得閃閃動人

烏龍麵或麵線等麵粉製成的麵，煮麵水含有大量麩質的蛋白質，可以提供頭髮養分。用洗髮精洗頭後，用煮麵水取代潤髮乳，等待4～5分鐘再沖水洗淨。頭髮乾了就會散發出自然光澤。

薑磨泥擠汁製成護髮液，最適合用來預防頭皮屑。

748

用芝麻油按摩頭皮，頭髮更有活力

芝麻油含有豐富的油酸和維生素E等成分，可以用來護髮。洗髮前取芝麻油1大匙按摩頭皮約5分鐘，讓頭皮充分吸收，再用熱毛巾將頭髮包起來約15分鐘，之後按正常程序以洗髮精將頭髮洗乾淨。洗頭髮時雖然會感覺油膩，但充分洗淨後吹乾，頭髮會變得柔順好整理。建議可使用幾乎沒有味道的日本「太白芝麻油」。

芝麻油按摩＋熱毛巾，讓頭髮變得更滑順。

749

薑護髮液可以有效對付頭皮屑

薑可促進頭皮新陳代謝，讓頭髮更有活力。薑連皮磨成泥後擠汁，當作洗髮後的護髮液使用。薑可以帶給頭皮適度的刺激，給人一股舒爽感。薑護髮液的做法是取薑150克磨成泥後擠汁，放入鍋內加水50毫升，煮沸後放涼使用。

750

一天喝一杯黑芝麻黃豆粉牛奶，可以抑制白頭髮生長

黑芝麻粉加黃豆粉和牛奶攪拌均勻，一天喝一杯就不易長出白頭髮，已經長出來的白頭髮也會逐漸變得不明顯。雖然無法立即見效，但只要持續飲用6～12個月，應該就能看到成效。杯子裡放入黑芝麻粉和黃豆粉各1大匙，注入牛奶150毫升，攪拌均勻後每日一杯。也可以根據喜好加蜂蜜飲用。黑芝麻比白芝麻含有更多有益頭髮的成分，因此重點是選擇黑芝麻。冷飲或熱飲都可以。

751

每天喝黑豆茶可預防白髮＆掉髮

黑豆的不飽和脂肪酸和卵磷脂、維生素E等可以促進頭皮的血液循環。血液循環變好，營養就可以到達髮根，有效預防白髮和掉髮。黑豆炒香後加水慢慢熬煮。只要每天飲用，不僅是頭髮，身體也會變年輕。吃剩下的黑豆更是有益健康。

752

早上洗頭容易傷害頭皮，造成掉髮

就如同肌膚的細胞會在人睡覺的時候再生，頭皮和頭髮的細胞也會在就寢時再生。睡眠時養分會送到頭皮和頭髮，分泌適度的皮脂。然而，早上洗頭會把皮脂洗去，頭皮直接受到紫外線的傷害會讓頭髮容易受傷，這同時也是造成掉髮的原因。因此，就寢前洗頭才最合適。

753

自製蘆薈護髮液預防白髮

蘆薈可以促進新陳代謝和血液循環，具有消炎效果，因此建議可以自製蘆薈護髮液來預防白髮。取蘆薈200克洗淨擦乾水分，切成0.5公分小段，2顆檸檬切片與蘆薈一起放入保存容器，注入燒酎700毫升，密封後放在陰暗處，約3週後以墊一張廚房紙巾的瀝水籃過濾就完成了。洗完頭或梳頭後，擦一點在頭皮上按摩即可。

＊注意：所有與肌膚相關的美容建議，施行前請先在手腕內側等不明顯的部位測試，確定沒有不適，再繼續使用。萬一出現紅疹、發癢等現象，請停止使用。

[5-3] 使用天然材質、用起來最安心的自製化妝水

材料全部都是天然的東西，肌膚更容易吸收。
找出適合自己肌膚的化妝水，每天就用它來保養皮膚吧。
所有化妝水都可以冷藏保存，但請盡早使用完畢。

※ 使用的甘油在一般藥局都可以買到。

---

2 顆柚子的皮就能產生驚人的保濕力

755

柚子化妝水

以前的人就有習慣使用柚子籽製成的化妝水，但其實取柚子皮來製作更方便。柚子皮含精油和果膠等醣類，具有保濕、清潔、美白等效果。放在陰涼處約3週就完成了。冬天吃完柚子剩下的皮，洗乾淨後就可以使用。

材料

柚子皮 … 2顆的量
燒酎（酒精濃度25度）… 500毫升
甘油 … 50毫升

1 柚子洗淨擦乾水分削皮。重點在於使用現削的柚子皮。

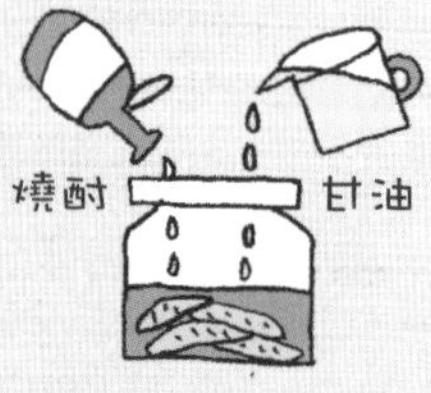

2 柚子皮和甘油放進乾淨的保存容器，加入燒酎蓋上蓋子，放在陰涼處約3週。上層的清徹液體分裝到小瓶子後使用。

有效對付曬斑

754

酸梅&日本酒的化妝水

可以直接體驗酸梅美白效果的化妝水。日本酸梅的籽洗淨擦乾水分，泡在日本酒裡約一週就完成了。洗完臉後使用，一週內用完，妳會發現曬斑逐漸變得不明顯了。這是最適合夏天使用的美白化妝水。

材料

酸梅籽 … 3～4粒
日本酒 … 100毫升

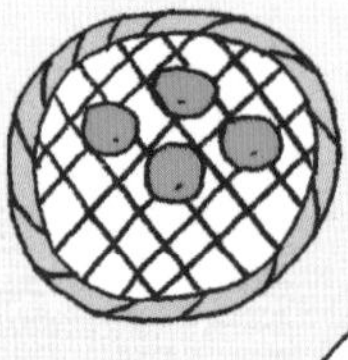

1 酸梅籽洗淨擦乾，曬半天後放入乾淨的瓶子裡。

2 注入日本酒後蓋上蓋子，放在冰箱約1週後再用紗布過濾。

757

預防斑點和肌膚暗沉

綠茶化妝水

綠茶含有豐富的維生素A、C、E，可以預防老化。綠茶的茶葉浸泡在燒酎裡噴在肌膚上，皺紋就會慢慢變得不明顯，斑點和暗沉也會逐漸淡化。建議可以善用快過期的茶葉。加入甘油使用起來更濕潤，偏好清爽的人不加甘油也OK。

材料

綠茶葉 … 3～4大匙
燒酎（酒精濃度25度）… 300毫升
甘油 … 1小匙

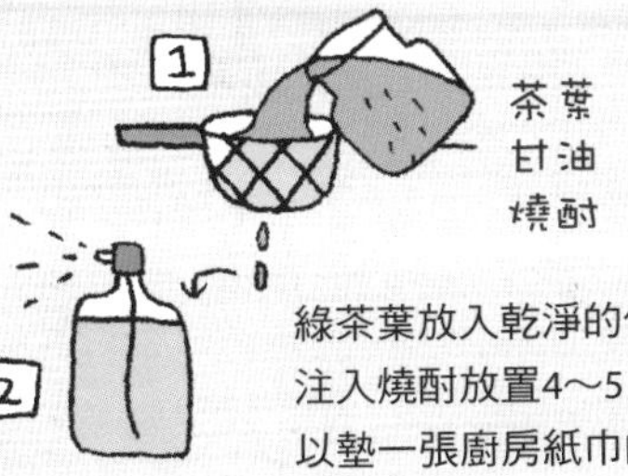

綠茶葉放入乾淨的保存瓶中加入甘油，
注入燒酎放置4～5日。
以墊一張廚房紙巾的濾網過濾，
再裝到噴霧罐裡使用。

去除多餘的皮脂，預防脫妝

定妝用小蘇打化妝水

758

定妝時噴一點小蘇打化妝水，再用面紙輕輕按壓，就可以長時間不脫妝。小蘇打可以讓造成脫妝原因的皮脂浮上來，可輕鬆去除皮脂。流汗時噴一點在面紙上按壓，臉部就會清爽許多。做法是礦泉水100毫升加小蘇打粉1/2小匙，攪拌至小蘇打粉充分融解即可。放在具有遮光性的容器裡冷藏保存，記得在1週內使用完畢。

756

解決粉刺等肌膚問題

蘆薈化妝水

特別推薦給臉上老是有青春痘或粉刺、斑點等，希望肌膚能回復彈性的人。這款化妝水使用蘆薈果凍狀的完整果肉，不管是夏天日曬後發熱的肌膚，或是冬天乾燥的肌膚，一年四季都適用。另外，保存期長達一年，也是一大優點。一次做一大瓶，用來保養肌膚最合適。

材料

蘆薈 … 300克
燒酎（酒精濃度25度）… 650毫升
甘油 … 65毫升

1
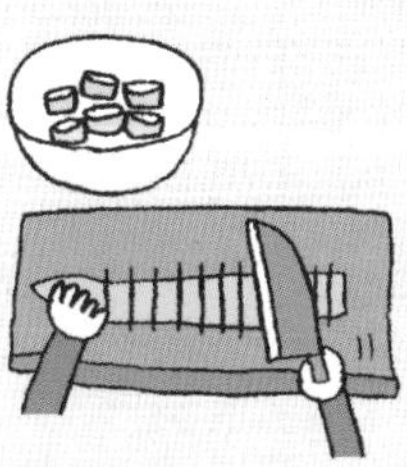

蘆薈洗淨擦乾，
去除損傷的部分切成
0.5公分小段。

2

蘆薈放入乾淨的瓶子裡，
注入燒酎蓋上蓋子，
放在陰涼處約1週。

3

等到液體泛黑後
加入甘油就完成了。
取上層液體分裝到
小瓶子裡使用。

這裡還有！健康&美容的小知識

759 青紫蘇10片和水200毫升打成汁飲用，可改善過敏。

760 溫水加胡椒泡腳20分鐘，排毒效果佳。

761 柿子葉曬乾後泡茶喝，可以預防花粉症。

762 報紙折好後弄濕，放進塑膠袋內冷凍，就可以當作退燒貼片使用。

763 對付突然發燒，可以將高麗菜弄濕敷在頭上，乾了再換新的。

764 牙齦紅腫，用手指沾鹽按摩，可以減輕疼痛。

765 在冰枕裡加一撮鹽，可以延長保冷效果。

766 對付手腳龜裂，可以用番薯皮熬煮的湯汁塗在患部上。

767 含一片生薑就可以減輕孕吐的噁心感。

768 用腳底按摩踏板刺激腳底穴位，可以有效改善畏寒症狀。

769 切成5～6公分的蔥段烤過後用布包起來綁在喉嚨上，可以減輕喉嚨疼痛。

770 喉嚨發炎時吃糖煮金桔就會有幫助。

771 切碎的洋蔥放在鼻子前深呼吸，就可改善鼻塞問題。

772 對付瘀青或紅腫，只要用砂糖搓揉就會消腫。

773 只要將酸梅肉貼在左右太陽穴上，可以減輕緊張所引起的頭痛。

774 飯前吃用醋水和蜂蜜醃漬的高麗菜就有瘦身的效果。

775 清炒乾牛蒡絲泡茶喝，可降低血糖值。

776 喝一杯濃麥茶就可以抑制糖分吸收。

777 用加了醋的熱水煮菊花吃，可以促進新陳代謝。

778 辣椒粉加麵粉用熱水調勻製成貼布，貼在胸前可以擊退感冒病菌。

779 生牛蒡磨成泥擠汁，喝一小杯就可有效改善痰的問題。

780 煮等量的黑醋和水，吸加熱時散發的水蒸氣，就可以改善鼻塞問題。

781 冰塊放進塑膠袋內在肚臍周圍以順時鐘方向按摩，排便更順暢。

782 牙痛時咀嚼丁香，可以暫時減緩疼痛。

783 用牛奶沾濕的化妝棉放在眼睛上，可以消除眼部疲勞。

784 磨碎的黑芝麻加黑豆粉用熱水調勻後飲用，可以預防眼部老化。

785 搓揉魚腥草，將汁液擦在青春痘上就不會化膿。

786 綠茶粉加麵粉用水調勻敷在臉上，就可以預防斑點。

787 番茄磨成泥後敷臉，可以改善油性肌膚。

788 蛋殼內側的薄皮貼在眼角，可以對付細紋。

789 覺得泡澡的水有刺痛感，可以加鹽1大匙。

790 高麗菜磨成泥後敷在臉上，可以減輕日曬引起的發炎症狀。

791 牛奶加10倍的熱水稀釋擦在手上，可以改善手部乾燥問題。

792 蘋果泥加優格拌勻敷在肌膚上，可以預防肌膚老化。

793 黑醋加水稀釋用來洗臉，肌膚更滑嫩。

794 烤香蕉時香蕉釋出的水分加燒酎塗在肌膚上，肌膚更年輕。

795 橄欖油加砂糖拌勻塗在手上，就不需要護手霜了。

796 喝剩的香檳塗在手上，酵母會讓手變得更光滑。

797 指甲泡在經過隔水加熱的橄欖油裡，指甲更有光澤。

798 覺得肩膀僵硬，雙肩上下抖動，就可以得到改善。

799 手指關節疼痛，可以將化妝棉泡醋貼在關節上，就能減輕疼痛。

800 嚴重曬傷時，立刻用放在塑膠袋內的冰水冰敷。

參考資料

*《奶奶的生活智慧》（高橋書店）
*《奶奶的智慧一覽表》（Entrex）
*《奶奶的智慧百寶箱》（文化社）
*《日本老奶奶的智慧百寶箱》（大和出版）
*《讓夏天更涼爽！老奶奶的智慧百寶箱》（扶桑社）
*《你不能不知！生活的基本常識 100》（寶島社）
*《老奶奶的智慧百寶箱——用少量的電力過舒適的生活》（寶島社）
*《古時候的藥膳》（寶島社）
*《再利用大寶典》（寶島社）
*《治療各種疾病和症狀的老奶奶智慧 450》（主婦之友社）
*《生活密技 888》（主婦之友社）
*《100 個偷工減料環保做家事的技巧》（主婦之友社）
*《小蘇打粉和醋的自然生活》（主婦之友社）
*《關於料理的疑問和烹調技巧》（主婦之友社）

感謝您購買　**一生受用800招！老奶奶的生活智慧**

為了提供您更多的讀書樂趣，請費心填妥下列資料，直接郵遞（免貼郵票），即可成為奇光的會員，享有定期書訊與優惠禮遇。

姓名：__________　身分證字號：__________

性別：□女　□男　生日：

學歷：□國中（含以下）　□高中職　□大專　□研究所以上

職業：□生產\製造　□金融\商業　□傳播\廣告　□軍警\公務員
□教育\文化　□旅遊\運輸　□醫療\保健　□仲介\服務
□學生　□自由\家管　□其他

連絡地址：□□□ __________

連絡電話：公（　）__________　宅（　）__________

E-mail：__________

■您從何處得知本書訊息？（可複選）

□書店　□書評　□報紙　□廣播　□電視　□雜誌　□共和國書訊
□直接郵件　□全球資訊網　□親友介紹　□其他

■您通常以何種方式購書？（可複選）

□逛書店　□郵撥　□網路　□信用卡傳真　□其他

■您的閱讀習慣：

文　學　□華文小說　□西洋文學　□日本文學　□古典　□當代
□科幻奇幻　□恐怖靈異　□歷史傳記　□推理　□言情

非文學　□生態環保　□社會科學　□自然科學　□百科　□藝術
□歷史人文　□生活風格　□民俗宗教　□哲學　□其他

■您對本書的評價（請填代號：1.非常滿意 2.滿意 3.尚可 4.待改進）

書名____　封面設計____　版面編排____　印刷____　內容____　整體評價____

■您對本書的建議：

請沿虛線剪下

Lumières
奇 光 出 版
客服電話：0800-221029
傳真：02-86671065
電子信箱：lumieres@bookrep.com.tw

請沿虛線對折寄回

廣　告　回　函	
板橋郵局登記證	
板橋廣字第10號	

信　函

231
新北市新店區民權路108-4號8樓

奇光出版　收

請沿虛線剪下